水利工程施工与生态环境

赵　静　盖海英　杨　琳　主编

吉林科学技术出版社

图书在版编目（CIP）数据

水利工程施工与生态环境 / 赵静，盖海英，杨琳主
编 . -- 长春：吉林科学技术出版社，2021.7
ISBN 978-7-5578-8408-6

Ⅰ．①水… Ⅱ．①赵… ②盖… ③杨… Ⅲ．①水利工
程—生态环境保护 Ⅳ．① TV5 ② X322

中国版本图书馆 CIP 数据核字 (2021) 第 130211 号

水利工程施工与生态环境

主　　编	赵　静　盖海英　杨　琳	
出 版 人	宛　霞	
责任编辑	汤　洁	
封面设计	李　宝	
制　　版	宝莲洪图	
幅面尺寸	185mm×260mm	
开　　本	16	
字　　数	220 千字	
印　　张	10.25	
印　　数	1-1500册	
版　　次	2021年7月第1版	
印　　次	2022年1月第2次印刷	
出　　版	吉林科学技术出版社	
发　　行	吉林科学技术出版社	
地　　址	长春净月区福祉大路 5788 号出版大厦 A 座	
邮　　编	130118	

发行部电话／传真　0431—81629529　　　81629530　　　81629531
　　　　　　　　　　　　　　81629532　　　81629533　　　81629534

储运部电话　0431—86059116

编辑部电话　0431—81629520

印　　刷　保定市铭泰达印刷有限公司

书　　号　ISBN 978-7-5578-8408-6

定　　价　45.00 元

前　言

从目前环保政策形势来看，随着环境保护督察、监测垂管制度改革的深入推进实施，生态环境保护高标准规范、高压环保监管、高强度环保执法将常态化。按照保护环境这一基本国策，认真落实现场环境保护措施，强化现场监督巡查及工作指导，进一步督促施工企业提升施工人员环保意识，完善各类环保设施，重点做好扬尘污染防治、洞室废水处理、饮用水源保护等工作，确保已建成投运的环保设施正常运行等势在必行。

提前做好工作谋划，推动环保专项有效落地。在建立的计量管理体系基础上，坚持"事前控制、过程管理、动态监控"的原则，严控环保工程变更，充分发挥环保投资效益，全面推动环保临时工程计量工作。结合环评、批复要求及工程施工进度计划，协助梳理重点环保专项实施计划，做好环保工作策划及实施节点计划。

必须做好相关环保配套设施建设，重点推进各大环保专项按照时间节点要求落实完成，施工现场部分环保临建设施要做到满足设计要求建设并投入使用。加强污废水处理设施管理，保证措施有效实施，落实污废水处理设施的购置安装。

设计单位需要结合现场实际情况和废水水质特征，加强已建成洞室废水处理设施的运行调试，提供处理效果评估；对于未建的处理设施，应充分吸取现有经验，优化方案设计。施工企业要严格按设计规模修建处理设施，做好施工洞室废水处理控制，加强运行管理工作，及时清淤确保已建成投运的环保设施正常运行。

借力于当前环保大数据等技术，建立工程环保信息数据库，通过即时调阅和查询，为工程环境保护工作决策提供支撑。针对工程点多面广、施工区域地形地貌复杂等特点，可以利用无人机航拍、GIS地理信息系统及三维技术等先进技术手段，加强对环保信息数据的收集，及时对各类数据进行整理、分析、加工，形成环保信息报告，定期报送相关单位部门，为环境管理、生态调查、综合决策提供依据。为进一步规范供水利工程各标段环境保护工作档案管理，应实施"一标一档"档案管理体系，确保各标环保工作"事出有据、实施有迹、结果有记"。

总之，水利工程施工的过程中，可能会对施工区域周围产生一定的环境影响，在施工过程中一定要做好相应的防护措施，避免环境问题产生，有针对性的采取合理措施，以便后期进行管理和维护。

目　录

第一章　水利工程建设

第一节　水利工程建设存在的问题

目前，我国加大对建设的投入，其中对水利工程建设的投入也非常重视。水利工程建设影响着国民经济的发展速度，因此要不断完善水利工程建设才能保证水利工程的质量。文章分析了水利工程建设中存在的常见问题，并提出了应对措施。

水利工程建设只有进行体制改革才能够跟上经济发展的步伐。目前，各地水利项目建设迅猛，但其中存在很多问题。针对这些问题，文章提出了有效的解决措施，以供相关工作人员参考。

一、水利工程建设存在的常见问题

水利工程建设管理层分工不明确。水利工程建设项目是综合开发工程，公益性与经营上是连在一起的，这就导致公益性资产与经营资产界定不清的情况出现，资金分布不明确。国家财政给予的经费补偿没有得到强有力的保障，水利工程建设项目隶属综合性单位管辖，导致水利工程项目不能在市场经济的大环境下进行独立运行，无法建立自己的管理体制。当出现问题时，责任无法具体地落实到责任人，容易出现踢皮球现象，导致问题长时间无法解决，影响项目的建设效率与利润。

监督检查部门监管力度不够。水利工程建设关系到我国经济发展，所以必须保证质量过关，在水利工程建设过程中，必须要有监管部门进行检查。但是，我国质量检查部门对水利工程建设并没有制定出完善的检查制度，对质量定性也不够明确。导致质量监管部门的负责人员不能够明确自己的责任，不能按照统一的规范进行监管，这样就缺乏有效的监管手段，有时会出现监管部门有力无处施的现象。最后，水利工程建设过程中监管部门不能充分发挥自己的作用。

水利工程建设资金管理落实不全面。任何一个项目要想建设好必须有强有力的资金支撑，水利工程建设是一项基础性的建设，它关系到国家经济发展的大局，只有落实好水利工程建设的资金管理，才能更好地建设水利工程项目。但是，很多地方存在着资金落实不明确，拨放下来的资金乱支乱用，层层克扣的现象。真正用到水利建设上的资金比例很小，有些项目由于资金不够而导致搁浅，严重影响了水利建设项目的整体计划。

缺乏强有力的技术与水平。水利工程建设项目一般是吃大锅饭，由于责任不明确导致技术人员产生懒惰的心理。不能够主动的学习新技术水平甚至出现技术下滑的现象，在水利工程建设中都是按照上级下达的任务单纯地进行完成，没有主观能动性，使水利工程的设计理念不先进。由于平时工作中事务比较多，学习和提高业务水平的时间就很少，长此以往水利建设项目缺乏强有力的技术和业务水平现象就很明显了。

二、水利工程建设的应对措施

不断完善管理层的职责，分工明确。在水利工程建设中，一定要明确项目法人的职责，因为它关系到整个建设项目的进度与质量。把项目建设中的管理项目分配到各管理阶层，这样能够明确各管理阶层的责任。刚在建设中出现问题时我们能够快速地找出问题的所在，然后找出负责人进行及时解决问题，保证了工程的顺利进行。

监管部门加大检查力度。监管部门在水利建设中发挥着很大的作用，因为他们在监管的过程中能够及时地发现工程中存在的安全隐患，及时地向上级报备，然后分析原因，找出解决隐患的办法在第一时间消除隐患，比如：临汾市洪洞县曲亭水库左岸灌溉洞出现大流量漏水，下游10000多群众紧急转移，水库坝体塌陷贯通过水，坍塌近300米，成为一起水库坝体塌陷较大事故。如果监管部门及时发现隐患，就有可能避免损失。

高度重视建设资金到位问题。水利工程项目在筹备资金的过程中层次比较多，结构很复杂，要想资金完全筹集到位难度非常大。要想让筹备的资金完全落实到工程建设项目中，必须加强水利建设资金管理制度完善工程报账与支付制度严格进行审计，才能够保证资金的最大化利用。另外，在筹备资金的过程中要不断地拓宽融资渠道，不断地进行宣传，吸引企业、集体、个人进行投资，让资金取之于民，用之于民，达到资源共享的效果。

引进科技能手，加强员工业务培训。在水利工程建设项目中，一定要加大对水利行业从业人员的技术水平与业务水平的培训。对各个岗位的人员进行专业的训练总体，提高人力资源的素质，最终达到水利人才保值增值的目的。各岗位工作人员要有效地发挥自己的业务水平，全面提高他们对水利工作的认识程度。因为强有力的技术水平是水利建设项目的有效支撑。另外还要储备一些水利综合性人才，为水利工程的后续发展奠定基础。

总之，我国水利工程建设存在很多的问题，我们必须要高度重视起来，不断坚持科学的发展观，在水利工程建设中不断完善管理层的职责，让监管部门加大检查力度，提高水利工程人才的技术水平与业务水平，这样才能够对水利工程建设进行综合的治理，全面有效的解决水利工程建设中存在的问题。相信在不断地完善与改革的过程中，我国水利工程建设一定能够上一个新的台阶。

第二节　基层水利工程建设

　　文章阐述了水利工程建设的重要意义，指出了基层水利工程建设和管理方面存在的问题，对水利工程建设和管理提出了一些观点和看法，旨在与各从业者在基层水利工程建设与管理工作方面进行探讨交流。

　　水是人类生产和生活必不可少的宝贵资源，但其自然存在的状态并不完全符合人类的需要。只有修建水利工程，才能满足人民生活生产对水资源的需求。水利工程是抗御水旱灾害、保障资源供给、改善水环境和水利经济实现的物质基础。随着经济社会持续快速发展，水环境发生深刻变化，基层水利工程对社会的影响更加显著。近年来水利工程建设与管护工作出现的一些问题，使得水利工程的正常运行和维护受到不同程度的影响。文章提出了一些具体解决对策，希望可以促进各地基层水利工程建设不断规范有序发展。

一、水利工程建设意义

　　水利工程不仅要满足日益增长的人民生活和工农业生产发展需要，更要为保护和改善环境服务。基层水利工程由于其层次的特殊性，对当地发展具有更重要的现实意义。

　　保障水资源可持续发展。水具有不可替代性、有限性、可循环使用性以及易污染性，如果利用得当，可以极大地促进人类的生存与发展，保障人类的生命及财产安全。为了保障经济社会可持续发展，必须做好水资源的合理开发和利用。水资源的可持续发展能最大程度保护生态环境，是维持人口、资源、环境相协调的基本要素，是社会可持续发展的重要组成部分。

　　维持社会稳定发展。我国历来重视水利工程的发展，水利工程的建设情况关乎我国的经济结构能否顺利调整以及国民经济能否顺利发展。加强水利工程建设，是确保农业增收、顺利推进工业化和城镇化、使国民经济持续有力增长的基础和前提，对当地社会的长治久安大有裨益，水利工程建设情况在一定程度上是当地社会发展状况的晴雨表。

　　提高农业经济效益和社会生态效益。水利工程建设一定程度上解决了生活和生产用水难的问题，也提高了农业效益和经济效益，为农业发展和农民增收做出了突出的贡献。在水利工程建设项目的实施过程中，各级政府和水利部门越来越注重水利工程本身以及周边的环境状况，并将水利工程建设作为农业发展的重中之重，极大地提升了当地的生态效益和社会效益。

二、水利工程建设问题

　　工程建设大环境欠佳。虽然水利工程对当地农业发展至关重要，相关部门也都支持水利事业的发展，但是水利工程建设整体所处大环境欠佳，起步仍然比较晚，缺乏相关建设经验，致使水利工程建设发展较为缓慢。尽管近几年水利工程建设发展在提速，但整体仍比较缓慢。

工程建设监督机制不健全。水利工程建设存在一定的盲目性、随意性，因此不能兼顾工程技术和社会经济效益等诸多方面。工程重复建设多以及工程纠纷多，造成了水利工程建设中出现规划无序、施工无质以及很多工程隐患问题。工程建设监督治理机制不健全导致建设进度缓慢、施工过程不规范、监理不到位，最终表现在施工中存在着明显的质量问题，严重影响了水利工程有效功能的发挥，没有起到水利工程应该发挥的各项效用。

工程建设资金投入渠道单一。水利工程建设管理单位在防洪、排涝、建设等工作中，耗费了大量的人力、物力、财力，而这些支出的补偿单靠水费收入远远不够。尽管当前各地政府都加大了水利工程的建设投入，但对于日益增长的需求，水利工程仍然远远不足。我国是一个农业大国，且我国的农业发展劣势很明显，仍然需要国家大力扶持和政策保护以及积极开通其他融资渠道。

工程建设标准低损毁严重。工程建设质量与所处时代有很大关系，受限于当时的技术、资金条件，早期水利工程普遍存在设计标准低、施工质量差、工程不配套等问题。特别是工程运行多年后，水资源的利用率低、水资源损失浪费严重、水利工程老化失修、垮塌损毁严重，甚至存在重大的水利工程安全隐患。这些损毁问题的发生，与当初工程建设设计标准过低有很大关系。

督导不及时责任不明确。抓进度、保工期是确保工程顺利推进的头等大事。上级领导不能切实履行自身职责，不能做到深入工程一线、掌握了解情况、督促检查工程进展。各相关部门不敢承担责任，碰到问题相互推诿、扯皮、回避矛盾，不能积极主动地研究问题和想方设法去解决问题。对重点工程，上级部门做不到定期督查、定期通报、跟踪问效，对各项工程进度、质量、安全等情况，同样做不到月检查、季通报、年考核。

工程建设管理体制不顺畅。处于基层的水利工程管理单位，思维观念严重落后，仍然沿用粗放的管理方式，使得水资源的综合运营经济收益率非常低。水利工程管理体制不顺、机制不活等问题造成大量水利工程得不到正常的维修养护，工程效益严重衰减，难以发挥工程本身的实际效用，对工程本身造成了浪费，甚至给国民经济和人民生命财产造成了极大的安全隐患。

工程后期监管力量薄弱。随着社会经济的高速发展，水利工程建设突飞猛进，与此同时人为损毁工程现象也屡见不鲜。工程竣工后正常运行，对后期的监管多地表现出来的是监管乏力，捉襟见肘。监管不力，主要原因是管护队伍建设落后，缺乏必要的监管人员、车辆、器械等，执法不及时、不到位也是监管不力的重要原因。

三、未来发展探析

做好基层水利工程建设与管理意义重大，必须强化保障措施，扎实做好各项工作，保障水利工程正常运行。

落实工作责任。按照河长制湖长制工作要求，要全面落实行政首长负责制，明确部门分工，建立健全绩效考核和激励奖惩机制，确保各项保障措施落实到位。通过会议安排以及业务学习等方式，使基层领导干部深刻地认识到水利工程建设的重要性和必要性。不断提高对水利工程的认识，积极主动推进水利工程建设，为农田水利事业的发展打下坚实的基础。

加强推进先进理念。采取专项培训和"走出去、请进来"等方法，抓好水利工程建设管理从业者的业务培训，开阔眼界，提高业务水平。积极学习周边地区先进的水利工程建设办法、管护理念、运行制度。此外工作人员还应自觉提高自身的理论和实践素养，武装自己的头脑，丰富自身的技能，为当地水利工程建设管理提供强有力的理论和技术支持。

加大资金投入及融资渠道。基层政府要提前编制水利工程建设财政预案，进一步加大公共财政投入，为水利工程建设提供强有力的物质保障。积极开通多种融资渠道，加强资金整合，继续完善财政贴息、金融支持等各项政策，鼓励各种社会资金投入水利建设。制定合理的工程建设维修养护费标准，多种形式对水利工程进行管护，确保水利工程能持之有序的发挥水利效用。

统筹兼顾搞好项目建设规划。规划具有重要的现实指导和发展引领作用，规划水平的高低决定着建设质量的好坏。因此规划的编制要追求高水平、高标准，定位要准确，层次也要高。在水利工程规划编制过程中，既要与基层的总体规划有效衔接，统筹考虑，又要做出特色、打造出亮点。对短时间难以攻克的难题，要做长远规划，一步一步实施，一年一年推进，不能为了赶进度，就降低规划的质量。

抓好工程质量监管加快建设进度。质量是工程的生命，决定着工程效用的发挥程度。相关部门对每一项工程、每一个工段都要严格按照规范程序进行操作，需要建设招标和监理的要落实到位，从规划、设计到施工每一个环节都要按照既定质量标准和要求实施。加快各个项目建设进度，速度必须服从质量，否则建设的只能是形象工程、政绩工程、豆腐渣工程。各责任部门要及早制定检查验收办法，严格把关，应该整改和返工的要严格按要求落实。

健全监管体制。对建成的水利工程要力求做到"建、管、用"三位一体，管护并举，建立健全起一套良性循环的运行管理体制。完善工程质量监督体系，自上而下、齐抓共管，保证工程规划合理、建设透明、质量过硬，确保每个环节都经得起考验。此外还要加大对水利工程破坏行为的打击力度，增加巡察频次，增添巡逻人员，制定巡查计划，确定巡查目标和任务，细化工作职责，防止各种人为破坏现象的发生。

加大宣传力度组织群众参与。加大宣传力度，采取悬挂横幅、宣传标语以及利用宣传车进行流动宣传等方式，大力宣传基层水利工程建设的新进展、新成效和新经验，使广大群众了解水法规、节水用水途径、水工程建设及管护等内容。此外还可以尝试利用网络、多媒体、微信等新平台做好宣传工作，广泛发动群众参与，积极营造全社会爱护水利工程的良好氛围。

借力河湖长制共推管护工作。当前河湖长制开展迅猛，各项专项行动推进及时，清废行动、清"四乱"等行动有效促进了河湖及各类水利工程管护工作的开展。水利工程在河湖长制管理范围之列，是河湖管护的重要组成部分，水利工程管护工作开展的好坏，也很大程度影响着河湖长制的开展。利用好河湖长制发展的东风，是推进水利工程管护工作的良好契机。

我国是水利大国，水利建设任重道远，水利工程的正常运行是关系国计民生的大事。我国人均水资源并不丰富，且时空分布不均，更凸显了水利工程建设的重要性。本节阐述水利工程的重大意义，分析基层水利工程建设管理中存在的问题，探索未来基层水利工程建设管理方法，旨在与各工程建设管理工作者探讨交流。

第三节　水利工程的分类

水利工程按照其功能、作用、投资渠道及规模不同有几种分类方法，根据 1997 年国家计划委员会发布的《水利产业政策》，水利工程按照功能和作用分为两类，甲类（公益性项目）和乙类（准公益性和经营性项目）；按照受益范围分为中央项目和地方项目；按照规模大小分为大中型项目和小型项目。2003 年水利部制定的《水利基本建设投资计划管理暂行办法》（水规计〔2003〕344 号），对水利基本建设项目类型划分做出了明确的规定，目前水利工程建设项目类型划分按照此办法执行。

一、按照功能和作用分类

水利工程建设项目按照其功能和作用分为甲类（公益性项目）、乙类（准公益性和经营性项目）。

（1）公益性项目。指防洪、排涝、抗旱和水资源管理等社会公益性管理和服务功能，自身无法得到相应经济回报的水利项目。如堤防工程、河道整治工程、蓄洪区安全建设、除涝、水土保持、生态建设、水资源保护、贫困地区人畜饮水、防汛通信、水文设施等。

（2）准公益性项目。指既有社会效益，又有经济效益，并以社会效益为主的水利项目。如综合利用的水利枢纽（水库）工程、大型灌区节水改造工程等。

（3）经营性项目。指以经济效益为主的水利项目。如城市供水、水力发电、水库养殖、水上旅游及水利综合经营等。

二、按照受益范围分类

水利工程建设项目按其受益范围分为中央水利基本建设项目（简称中央项目）和地方水利基本建设项目（简称地方项目）。

（1）中央项目。指对国民经济全局、社会稳定和生态环境有重大影响的防洪、水资源配置、水土保持、生态建设、水资源保护等项目，或中央认为负有直接建设责任的项目。中央项目在审批项目建议书或可行性研究报告时明确，由水利部（或流域机构）负责组织建设并承担相应责任。

（2）地方项目。指局部受益的防洪除涝、城市防洪、灌溉排水、河道整治、供水、水土保持、水资源保护、中小型水电建设等项目。地方项目在审批项目建议书或可行性研究报告时明确，由地方人民政府负责组织建设并承担相应责任。

三、按照规模大小分类

（一）按水利部的管理规定划分

水利基本建设项目根据其规模和投资额分为大中型项目和小型项目。

（1）大中型项目是指满足下列条件之一的项目：

1）堤防工程：一、二级堤防；

2）水库工程：总库容 1 亿 m³ 以上；

3）水电工程：电站总装机容量 5 万 kW 以上；

4）灌溉工程：灌溉面积 30 万亩以上；

5）供水工程：日供水 10 万 t 以上；

6）总投资在国家规定限额（3000 万元）以上的项目；

（2）小型项目是指上述规模标准以下的项目。

（二）按照水利行业标准划分

按照《水利水电工程等级划分及洪水标准》（SL252—2000）的规定，水库工程项目总库容在 0.1 亿~1 亿 m³ 的为中型水库，总库容大于 1 亿 m³ 的为大型水库。灌区工程项目灌溉面积在 5 万~50 万亩的为中型灌区，灌溉面积大于 50 万亩的为大型灌区。供水工程项目工程规模以供水对象的重要性分类，拦河闸工程项目过闸流量在 100~1000m³/s 的为中型项目，过闸流量大于 1000m³/s 的为大型项目。

四、水利工程建设项目的资金筹集及资金用途

水利工程建设项目属于国民经济基础设施，根据项目类型，其建设投资应由中央、地

方、受益地区和部门分别或共同承担。

（一）中央和地方项目的资金渠道

中央项目的投资以中央为主，受益地区按受益程度、受益范围、经济实力分担部分投资；地方项目的投资按照"谁受益、谁负担"的原则，主要由地方、受益区域和部门按照受益程度共同投资建设，中央视情况参与投资或给予适当补助。

（二）中央和地方水利资金用途

（1）中央水利投资主要用于公益性和准公益性水利建设项目，对于经营性的水利建设项目中央适度安排政策性引导资金，鼓励水利产业发展。

（2）地方水利投资主要用于地方水利建设和作为中央项目的地方配套资金，地方使用中央投资可以在项目立项阶段申请，由中央审批立项。

第四节　水利工程建设营销

水利工程建设是我国的重点建设工程，不仅关系到国家的利益，更关系到人民群众的生产和生活。工程建设行业营销贯穿工程起始全过程，无论是工程的筹备阶段还是建设、运行阶段，都需要相应的市场营销手段，以提高工程的整体形象与公众的认可度。本节通过文献整理的方法，从水利工程建设营销的角度，探讨水利工程建设管理。

一、水利工程行业概况

水利工程介绍。水利工程是为了达到消除水灾害和利用水造福人类的目的，通过人为调配自然界中的水资源的工程。水是生命之源，是人类生活和社会发展的基础，但自然界中的水存在的很多状态不完全适应生产生活的需要，有时甚至会严重影响居民生活和生命安全。因此为了防止洪水洪灾，合理调配水资源，满足社会发展的需要，兴建水利工程就成了重中之重。水利工程种类繁多，在日常生活中随处可见。人们经常见到的大坝、河堤、水闸等都是典型的水利工程。

行业分类。根据修建目的和使用客体的不同，可以将水利工程分为如下几类：以防止洪涝灾害的防洪工程；以保护农田为目的的农田水利工程；以发电为目的的水力发电工程；以交通运输为目的的港航工程；以服务居民日常生活的给排水工程；以保护水资源和土壤环境的环境水利工程等等。综合水利工程是指同时具有防洪防涝，保护农田，发电，交通运输等各种功能的综合性水利工程。

行业特点。有很强的系统性和综合性。在同一区域内，各水利工程的组成部分既相互联系，又彼此不同，被称为单项水利。由于是各个不同水利工程的组成部分，因此单项水利工程本身就具有综合性。单项水利工程的服务对象各有不同，但普遍存在着一定的联系。

由于水利工程种类繁多，设涉及领域较广，因此和国民经济其他部门的联系也十分紧密。这就要求在进行水利工程规划设计的时候必须考虑各方利益和各种影响因素，系统综合地分析研究，用充分的大局观进行规划设计，才能发挥出水利工程的最大功能和经济效益。

对环境有很大影响。由于水利工程主要是对自然界水资源的重新调配，因此除了达到规划设计目的，对当地社会经济产生影响外，水利工程也会在一定程度上改变当地的河流面貌，自然环境，生态系统和局部气候。由于涉及对象多，因素复杂，因此这种影响的利弊大小往往很难判断。这就要求在水利工程的设计阶段必须充分考虑环境因素，估计可能产生的环境影响并做出正确评估，提出相应的解决方案，最大化水利工程的积极功效。

工作条件复杂。在水利工程的实际施工中，施工环境条件十分多变。气候，水质，地貌等因素往往难以准确把握，这给水工建筑物额修建带来了一定难度。同时，由于在水下存在着各种复杂的物理作用，如推力、浮力、渗透力、冲刷力等，因此，水利工程的工作条件十分复杂。

水利工程的效益具有随机性。以农田水利工程为例，其效益通过农作物产量直观反映，与每年的水文状况联系紧密，还与气象变化密切相关，具有一定的随机性。

水利工程一般规模大，技术复杂，工期较长，投资多。由于具备以上几个特点，兴建水利工程时必须遵守相关的规定和标准进行建设。

行业现状。建设模式发展演变。我国水利工程建设模式整体上经历了代建模式、施工总承包模式、工程总承包模式、BT模式和PPP模式。代建模式是指由具有专业水利工程施工经验，施工技术和建设能力的施工企业，通过投标的方式，负责建设政府投资的水利工程项目，并在竣工验收后移交运行管理单位；施工总承包模式是指水利工程发包方将施工任务（一般指土建、安装等工程）发包给具有相应资质条件的施工总承包单位，由其负责水利工程的土建、安装等工作；工程总承包模式是指从事水利工程总承包的企业受业主委托，按照合同约定对工程项目进行全过程或若干阶段的承包。水利工程可分为可行性研究、勘察、设计、采购、施工、试运行、竣工验收等阶段。承包模式分为过程内容模式（如EPC模式、DB模式、EP模式、PC模式等）和融资运营模式（BOT模式和BT模式），PPP模式是指水利建设单位与政府主管部门通过特许权协议形成一种伙伴式合作关系，共同推动水利工程项目建设。

政策红利持续释放，水利建设快马加鞭。由于水利工程巨大的利民性和社会发展战略地位，近年来政府通过出台一系列政策加大对水利工程的支持，并且扩大水利工程投资资金来源。其资金来源主要包括：预算内财政资金，包括政府拨款和由政府财政部门安排的贷款；水利建设基金，通过法律定额，提取营业收益的0.1%专项用于水利工程建设的政府基金，土地出让金收益里提取10%用于农田水利建设；银行贷款；社会资本等。

目前，我国的财政环境比较宽松，在2017年继续推行积极的财政政策，支持打好大气、水、土壤污染防治三大战役，适时启动第二批山水林田湖生态保护修复工程试点，政府的资金支持在水利投资中仍将占主导地位，在未来水利投资仍有较大增长空间。根据《水利改革发展"十三五"规划》，到 2020 年，基本建成与经济社会发展要求相适应的防洪抗旱减灾体系、水资源合理配合高效利用体系、水资源保护和河湖健康保障体系。以江河流域系统整治和水生态保护修复为着力点推进水生态文明建设，全国重要江河湖泊水功能区水质达标率达到 80% 以上，水生态环境状况明显改善。《规划》中明确表示，继续将水利作为公共财政支持的重点，通过落实水利建设基金筹集和使用管理政策，发挥好政府性水利基金对水利改革发展的支持作用。

全面推进水利建设，水利投资快速增长。改革开放以来，我国水利建设相对滞后，至 2008 年我国水利建设投资才突破 1000 亿元。2011 年 1 月中央"一号文件"提出：全面加快水利基础设施建设，建立水利投入稳定增长机制，今后 10 年全社会年均水利投入比 2010 年高出一倍。由此推算，意味着 2011-2020 年水利投入规模将达到 4 万亿元。"十二五"期间，国家开始大力兴建水利，全方位推进水利投资。根据国家统计局数据，2015 年我国水利建设投资完成额 5452 亿元，同比增长 33.53%。

产业链和上下游。从产业链来看，水利工程项目包括了水利工程设计、水利工程施工和水利工程养护。其中水利工程设计是指具有水利设计资格的公司企业通过制定施工方案，建筑物设计，修建方法等，在固定的投资预算条件下，达到特定的水利目标。根据设计能力资质，可以将水利设计资质分为甲乙丙丁四个等级；水利工程施工是具有水利工程施工资格的公司企业根据水利工程设计所确定的工程结构、项目质量、施工进度及工程造价等要求，进行水利工程修建工作。根据施工能力大小，可以将水利工程总承包资质分为特级、一级、二级和三级；水利工程养护是为了达到维护水利工程面貌，确保水利工程正常运营所实施的养护、岁修、维持、设计工程。

从上下游来看，水利工程上游主要是建筑材料供应商、水电材料和水电设备供应商、输水管道供应商，上游行业的发展、景气状况直接影响水利建设项目的原材料供应，原材料价格波动将影响水利工程成本和毛利率波动。水利工程下游行业主要是政府部门、城投公司和其他投资商，下游行业产业政策和投资规模的变化，将影响水利工程市场规模，这几年水利建设高速增长，水利工程需求旺盛。

二、水利工程营销界定

营销目标。使社会公众正确认识、理解水利之于水的趋利避害的作用，进而促进相关利益者基于水之利而兴建水利设施，同时制约相关利益者为逐经济之利而诱发水害；争取政府政策支持、协调，获得资源供应倾斜；提倡节约用水。

营销主体。工程水利营销的主体包括行业协会、学术团体、施工企业等。

营销客体。工程水利营销的客体包括社会公众、业主。

营销对象。工程水利营销的对象主要是施工新技术以及向客体介绍水利工程建设对国民经济发展、社会发展、自然环境的作用。

营销方法。对公众的项目营销的主要手段是宣传和公共关系，最有效的方法是开放这些工程项目，允许公众参观、游览及工程旅游。对施工新技术营销主要通过行业展览会、学术研讨等形式开展。

水利工程是国民经济的基础设施，是水资源合理开发、有效利用和水旱灾害防治的主要工程措施。在解决我国水资源短缺、洪涝灾害、环境保护、水土流失等问题中，水利工程的建设与实施起到了无可替代的重要作用。为了对水利工程建设进行有效管理，国家制定了严格的水利工程建设程序。水利工程建设程序一般分为：项目建议书、可行性研究报告、初步设计、施工准备（包括招标设计）、建设实施、生产准备、竣工验收、后评价等阶段。

第五节　水利工程建设项目前期设计工作

本节主要以如何做好水利工程施工中的前期准备工作为重点进行阐述，结合当下水利工程施工现状，从充分掌握质量控制的技术依据、事先布设质量控制点、施工计划编制或是施工组织设计、施工场地的准备工作、材料与构件购入与制作、施工设备的配置等方面进行探讨，目的在于提高水利工程施工质量与水平。

做好水利工程施工中的前期准备工作十分重要，因为它是保证施工有序开展的基本条件，贯穿于水利工程始终。随着施工建设的逐渐开展，需要科学的划分阶段施工作业，做好有关准备工作。为了确保水利工程顺利进行，一定要做好施工前期准备工作。实际上，施工准备工作是水利施工管理的重要组成部分，是对拟建工程目标、资源供应和施工方案的选择以及空间布置、时间排列等诸方面进行的施工决策。基于此，相关主体需给予水利工程施工中前期准备工作高度重视，通过多元化手段，将其存在的实效性全面发挥出，为我国水利事业健康发展奠定基础。

一、做好水利工程施工中前期准备工作的重要性

对于水利工程来讲，加强施工前期准备工作十分重要，其不但是保证水利工程施工进度的基本条件，还是保证施工质量的根本要素。在水利工程施工过程中，前期准备环节的主要任务便是工程施工思想的拟建，准备好水利工程施工所需的施工材料与施工技术，从工程整体方面科学的安排施工场地。前期准备阶段还是施工企业对施工项目进行有效管理，促进技术经济承包的有利条件。另外，前期准备工作还是确保水利工程设备安装与施工的主要依据。因此，加强施工前期准备工作可以有效发挥施工单位的优势、加快施工进程、合理应用材料、增强施工工程整体质量、减少施工费用、提高工程整体效益等，有助于施工企业提升市场竞争力。水利工程施工自身所具备的特点，充分的体现出工程前期准备工作的优劣同水利工程整体有莫大联系，且会影响工程整体质量。

实践证明，只有做好水利施工中的前期准备工作，水利工程施工才能顺利进行，才会确保工程施工进度与施工质量。若是没有做好水利施工中的前期准备工作，实际施工中可能会发生众多突发事件，影响水利工程施工进度，导致整体质量受影响。基于此，相关主体一定要做好水利工程施工中的前期准备工作。

二、做好水利工程施工中前期准备工作的关键点

充分掌握质量控制的技术依据，事先布设质量控制点。在施工环节的质量依据主要有以下三种：一是工程合同，该文件内规定水利工程设计的参与方需在质量控制中承担对应的义务与责任，明确了施工单位的质量标准。二是设计文件，此文件规定施工单位需要履负的责任，一般来讲施工部门都是依据施工图进行施工的，因此说施工图设计十分重要。三是相关部门发布与工程质量相关的法律法规，其对水利工程施工做出相应规定，施工部门要严格按照规定施工。在具体施工中还需注重质量控制点布设，质量控制点是对水利工程建设中质量控制对象展开的质量控制。因此在质控点布设时要选择工程重点监控的位置、施工较薄弱的环节以及工程最关键的位置。在布设前需对施工质量问题的成因进行全面分析，之后结合分析的结果对施工质量进行监管与控制。需在施工前结合工程需求，列表统计施工监控点，在表内将控制点的名称明确列出，指出需要控制的工作内容。

施工计划编制或是施工组织设计。在水利工程施工中需开展施工组织设计工作，在施工组织设计中通常包含施工设备、施工布置、施工条件、施工进度等。正常情况下设计施工时需满足以下几项要求：一是需满足国家技术标准及国家制定的相关规定；二是全面掌握施工中的重难点，让施工单位在施工中有较强的目的性与针对性；三是确保施工计划的可行性，可以实现预期目标，满足相关标准；四是确保设计方案的先进性，顺应时代发展，满足当下需求。

施工场地的准备工作。施工单位在正式施工前一定要同监理部门协作，对施工单位给定的标高与基准点等测量控制要求开展复测工作，构建工程测量控制系统，记录好复测结果。若是业主所提供的现场检测结果不满足相关标准，需把其中不达标的地方记录下来，便于之后索赔。

材料与构件购入与制作。施工单位负责购入或是制作施工原材料、构件等，需在购入前向监理单位提出申报，相关人员结合施工图纸对所需原材料进行审批，通过之后才能进行购入。为了确保原材料的质量满足相关标准，一定要在正规厂家购买，且需要厂家提供相关文件，要求厂家确保施工中原材料的供给进度。

施工设备的配置。施工部门在选取施工设备时不但要考虑施工设备的工作效率、经济效益以及技术功能等，还需对施工设备配置数量是否同施工主体所需的数量一致进行分析，且一定要有安全施工许可，如此才能确保水利工程施工质量与进度。

施工图纸校核与设计交底。施工部门在施工前一定要做好技术交底工作，如此可以全

面掌握设计施工原则与质量要求。另外，需做好施工图纸校核工作。在参与设计交底功作时需了解以下几点：一是掌握施工现场与周边的地质与自然气候，给后期施工做准备；二是掌握建设部门设计中所应用的规范及设计过程中所提的材料市场供应现状；三是需全面掌握建设部门的设计计划、设计理念以及设计意图比选状况，熟悉基础开挖和基础处理、工期安排以及施工进度；四是施工中需要注意的问题包含施工材料要求、施工技术要求、施工设备要求等。

在校核施工图纸时需注意以下几点内容：一是需校核施工图纸是否通过建设部门同意，是否是设计部门签署；二是校核施工图纸相关文化是否期权，确保施工过程有据可循；三是校核施工图设计中考虑到地下的障碍物，确保施工图纸的可操作性；四是校核施工图纸是否有遗漏或是错误的地方，利用的表示方法是否满足相关标准等。

水利工程建设前需做好相关准备工作，其不但可以保证工程有序开展，还能提高水利工程质量与进度。由此可见做好水利施工中前期准备工作的重要性，相关主体需加大水利施工中前期准备工作力度，保证水利工程保质保量的竣工。

第六节　水利工程建设的实施工作

现阶段我国水利建设事业的快速发展，为水利工程的有效建设创造了有利的条件。在此背景下，为了增强水利工程加固实施效果，满足其实施中资源优化配置方面的实际需求，需要落实好相应的管理工作，积极探索这项工作的核心思路，确保水利工程加固良好的实施状况。基于此，本节将对水利工程加固实施中的管理工作核心思路进行探讨，促使这类工程在实践中的加固效果更加显著。

在水利工程加固作业计划实施时，通过对其管理工作核心思路的有效分析，可提高水利工程的加固质量，减少工程加固实施中的问题发生，提升现代水利工程管理水平。因此，在对水利工程进行加固处理时，为了实现其所涉及资源的高效利用，最大限度地降低水利工程加固实施中的风险，需要考虑有效的管理工作开展，并对相应的核心思路进行深入思考，从而丰富水利工程加固实施方面的实践经验。

一、管理工作在水利工程加固实施中的应用价值

基于水利工程加固作业计划的实施，为了实现对管理工作的科学应用，发挥出这项工作的实际作用，需要对管理工作在水利工程加固实施中的应用价值有所了解。若能将管理工作应用于水利工程加固实施中，可使相应的作业计划在实施过程中处于可控状态，为水利工程加固效果提供保障；通过对管理工作在水利工程加固实施中应用方面的考虑，可增强其所涉及资源的优化配置效果，降低水利工程在实际运行中产生的问题；水利工程加固

实施中若能重视管理工作的应用，可使加固施工作业开展更具科学性，延长水利工程使用寿命，为我国水利建设事业的可持续发展提供支持。

二、影响水利工程加固实施效果的相关因素

为了使水利工程加固作业计划能够实施到位，减少其实施中问题的发生，需要考虑相关的影响因素。主要包括以下方面：

项目单价的影响。这几年水利设施的加固实施都是以地方财政投入为主，大部分水利设施都是在乡村，县级政府财政资金普遍短缺，为在节约成本的同时又能保证水利工程各方面的问题处理到位，只能压缩企业利润空间，降低各项目单价。企业为了获得利润，千方百计地降低项目成本，无法建成高质量工程，导致管理难、监管更难，容易产生劣质工程。

施工材料的影响。施工材料的质量是工程质量的基础，所需的材料性能是否可靠、质量方面能否得到有效保障，与水利工程的加固效果密切相关。例如，某些水利工程加固实施中材料方面存在质量问题，且监督管理工作开展不到位，致使材料性能缺乏保障，为水利工程的质量埋下隐患。材料质量不符合要求，工程质量也就不可能符合标准要求。

施工方法和工艺的影响。水利工程因主要分布在乡村田间和偏远位置，具有复杂多变的特点，部分施工企业在制定施工方案和施工工艺时，由于对其适用性、成本经济性等考虑不充分，难以为水利工程施工质量与效率提供技术保障，导致施工进度推迟，质量达不到要求和追加投资等情况。因此，在制定施工方案和施工工艺时，必须结合各方面原因进行综合分析，以确定施工方案在技术上可行、经济上合理，有利于提高工程质量。

其他因素的影响。制约工程质量的因素有很多，除了上述主要概况的因素外，也需要对以下因素予以考虑：①环境因素。若水利工程所在区域的地质环境条件复杂、差异较大，则会加大工程加固实施难度，致使水利工程在这方面的作业计划难以推进，会对其加固效果产生不利影响；②制度因素。若水利工程加固实施中的管理制度不够完善、缺乏有效的管理体系，会降低相应的管理工作水平，导致水利工程加固实施过程缺乏控制，也会影响其加固效果；③人员因素。在实施水利工程加固施工计划的过程中，若管理人员的责任意识淡薄、专业能力不足，会使这方面的管理工作开展不及时，加大水利工程加固方面的施工风险。

三、水利工程加固实施中的管理工作核心思路分析

结合我国水利建设事业的长远发展要求，为了确保水利工程加固实施中管理工作落实有效，需要加强其核心思路分析，严格把控管理方面的工作过程，避免给水利工程实施埋下安全隐患。

健全管理体系，更新管理理念。在开展水利工程加固实施管理工作时，为了给予其科学指导，保持工作良好的开展状况，需要健全相应的管理体系、更新好管理理念，建立高

效的水利工程加固实施方面的管理制度。结合工程现场情况，有针对性地开展管理工作，健全该工程加固实施中所需的管理体系，促使管理工作在水利工程加固施工中的作用效果更加显著，为其实施的高效性提供保障，最终达到科学管理的目的。

优化管理方式，严格把控加固施工过程。水利工程加固实施中的管理工作开展效果是否良好、相应的管理方式能否得到优化、加固施工过程是否处于可控状态，都与管理工作方法、水平及落实程度密切相关。因此，为了提升水利工程加固实施中的管理水平，细化其管理内容，则需要重视管理方式的不断优化，对该工程加固施工过程进行严格把控，加强信息技术使用。并通过对精细化管理理论的科学使用，丰富水利工程加固实施中所需的管理方式，促使其在实践中得以优化，避免对水利工程加固实施中的管理效果造成不利影响。为了实现对水利工程加固实施中细节问题的及时处理，改善工程的整体施工状况，还需要管理人员对工程加固施工过程进行严格把控，并将相应的管理工作落实到位，促使水利工程保持良好的加固效果，丰富其管理工作内涵，实现对水利工程加固实施过程的高效管理。

其他方面的核心思路要点。为了实现水利工程加固实施中的科学管理目标，确保其管理工作核心思路状况良好，也需要明确这些要点：（1）充分考虑工程所在区域的环境状况，获取完整的勘察成果，制定出切实有效的施工管理方案并实施到位，确保水利工程加固有效性；（2）在选用加固施工所需的材料时，应建立好相应的质量管理机制，并通过查、看、检、验来保证材料的质量；（3）管理人员在水利工程加固实施中应保持高度的责任感，高质量的人员及其高质量的工作就能带来高质量的产品。同时，监理人员也需要在水利工程加固实施中充分发挥自身的职能作用，做好与施工单位的沟通、交流工作，进而减少该工程加固施工中的管理问题发生。

综上所述，在有效的管理工作核心思路的指导下，可实现对水利工程加固实施中的科学管理，实现对加固作业计划实施过程的严格把控，及时消除其中的安全隐患，进而提高水利工程的加固效率及质量。因此，未来在改善水利工程加固状况、提升其作业计划实施水平的过程中，应明确相应的管理工作核心思路，并通过对有效管理措施的科学使用，促使水利工程加固实施中管理工作的实际作用得以充分发挥。在此基础上，可使水利工程加固实施更加高效。

第七节　生态水利工程建设的基本原则

生态水利工程建设是从保护生态环境的角度出发，最大限度地满足经济发展对水资源的需求。在水资源污染严重、资源储备紧张等一系列问题的形势下，贯彻实施生态环境保护这一目标，使传统水利工程改革向生态水利工程转变势在必行。

一、生态水利工程的内涵

生态水利工程是指在新建水利工程在传统概念工程建设的基础上同时具有河流生态系统的修复任务，以及对于已建成的水利工程所影响的河流生态系统进行生态修复任务。生态水利工程要坚持经济发展和生态环境保护相结合的规划理念，平衡经济发展与生态环境保护的关系，以系统保护、宏观管控、综合治理的方式进行生态水利工程建设，保护水资源的安全，促进河流生态系统的良性循环。

二、水利工程建设对环境的影响

水利工程建设对河流生态环境的影响。水利工程建设后通常会改变河流的生态环境系统，影响河流生态环境特有的多样性。在天然的河道上修建水利工程，会导致局部河流的水深和含沙量发生改变，使得水流速度减缓，降低水流和外界环境交换的频率，降低河流的自净能力，对水质产生影响。同时水利工程修建的拦河坝会增加水域的面积，提升河流储存的热量，影响河流下游鱼类的繁殖。此外，由于水域面积增大，蒸发进入的大气层的水汽含量增多，降水量也随之增加，致使河流附近空气湿度增加，大雾天气频发，改变了原有的气候条件。

水利工程建设对陆地生态环境的影响。由于在水利工程建设中大量耕地以及林地，造成植被破坏严重，生态环境系统紊乱，影响周边动物的生活环境，破坏了原有的生态系统，导致周边动物被迫改变原有的生活习惯或者进行迁徙。

水利工程建设对社会环境的影响。水利工程建设对于社会环境的影响主要涉及于水域淹没区域的和沿岸土地占用方面上，即淹没区域内和周边居民的迁徙安置，以及文物古迹的保护与搬迁问题。大型的水利工程建设之前要充分考虑土地、房屋的淹没拆迁安置，以及<敏感词>的迁移、生活保障和水利工程建设运营后的经济效益等一系列问题都需做好事前规划，保证水利工程建设的顺利实施。

三、基本原则

安全性与经济性原则。生态水利工程建设的安全性和经济性是建设原则中的首要原则。首先，在进行生态水利工程建设施工方案的制定过程中，要做好对当地生态环境的时间考察，并对当地的地形、地貌以及当地气候、河流形态等因素进行系统记录和科学地分析。其次，将水利工程力学和水文学的相关规律有效结合，保证水利工程能够承受住洪水、干旱等自然因素的影响。最后，在生态水利工程建设过程中要按照最小风险、最大利益的原则，将多种设计方案进行比较分析，降低生态水利工程的风险。

生态恢复原则。对于生态环境修复功能，首先应该将重点放在生态景观大尺度。其次生态系统的修复不仅包括水域范围内的河流生态体系，还要考虑周边的陆地生态环境。不仅要考虑到河流水域自身生物多样性的恢复，还要包括外来物种的多样性的恢复。同时生态水利工程的建设要对当地的水文条件和生态环境进行实地考察，全面掌握河流形态和生态环境的多样性，运用新的工程建设理念，为生态多样性提供实行的可能，提升生态系统的自我恢复功能。

整体性原则。河流的生态系统具有整体性，会因为降水量变化和气候变化等因素而发生变化。因此在进行河流水域生态系统的修复管理过程中，要以长期大景观尺度作为生态环境自我恢复的基础，拒绝使用短期小尺度范围作为生态环境自我修复的基础，而大景观尺度作为生态系统自我修复的基础具有修复效率高、成功率高达的优势。因此生态系统的恢复不仅针对在河道的水文系统修复，而且要对河流水域生态系统进行整体性的综合修复。

四、具体策略

加强生态空间管控的约束作用。由于水利规划的约束机制较弱，致使水利工程建设出现了工程入河排污口的规划布局不合理、生态用水和生态空间被占用等一系列的问题。因此要加强水利工程实施过程中深度贯彻国家生态文明建设的新理念思想战略，全面更新水利规划的相关内容，积极发挥水利"多规合一"空间规划的核心作用，强化生态环境保护约束。

制定建设标准体系。根据生态理念建设的要求，全面革新水利工程规划建设的标准体系，加强推广新技术、新工艺、新材料新管理运用等要素的力度，以提升生态水利工程建设的质量和效益。转变传统水利工程追求利益最大化的建设理念，将保护生态环境、修复生态系统作为水利工程建设的首要目标，降低资源消耗和生态损耗，引导水利工程承担生态系统保护的责任。

推进已建水利工程的生态提升。首先，评估已建水利工程与生态环境保护之间的差距，按照确有需要、因地制宜、量力而行、分步实施的原则进行以建水利工程的生态改造。其次，根据水利工程生态修复提升改造的标准，将以建工程按照无须改造、生态化改造等类别进行标准划分，针对性地修复生态受损系统，减缓已建工程对河流水域生态系统以及生态功能的影响。

提升监控力度。充分利用互联网、大数据等现代信息技术，加大生态水利工程的监控和力度，完善修复生态水利工程的监控体系。通过搭建水利工程信息平台，完善河湖生态流向信息监控体系，提高水电站等基站的生态调度管理水平，将生态水利工程有效落实。强化水利工程领导层的生态经济理念，以生态环境保护的理念管理水利工程，最终实现生态水利工程的最低消耗、最大效益的基本原则，促进人与自然和谐发展。

综上所述，传统工程水利对生态环境的影响比较大，环境问题日渐严峻，因此生态水利工程更加符合社会经济可持续发展的要求。生态水利工程是保护生态环境功能和修复生态系统的迫切需要，正确处理好水利工程建设与生态环境保护的关系，对河流生态环境恢复有着极大的意义，能够有效促进社会经济的可持续发展。

第二章 水利工程施工技术的概述

第一节 水利工程施工技术中存在的问题

水利工程建设是关系到国计民生的基础设施建设，和我国的基础经济如农业的发展有着极其紧密的联系，因此加强水利事业工程建设必然是一项功在当代利在千秋的大好事情。当前，随着我国对水利事业的重视程度不断加大，水利事业得到了极好的发展，并且在国家层面也提出了相应的管理措施来确保我国水利工程建设的顺利推行，从而为实现国泰民安的大计提供基础支撑。尽管当前我国水利事业取得了长足的进步，但是由于历史遗留问题，导致目前的我国水利工程建设施工中存在一些问题，这些问题如果不能得到很好的解决，未来必然会对我国的水利工程建设产生较为严重的影响。基于此，本节紧紧围绕分析水利工程施工技术中存在的问题及解决措施这一话题，首先分析了水利工程中的施工技术相关基础性内容，然后重点分析了当前水利工程施工中存在的几大主要问题，并针对相应的问题提出了解决措施以作指导。

水利工程主要是针对容易出现水患或者干旱区域，通过开挖沟渠或者修建大坝的方式将原本的水之相关危害人们生活的问题转化为利国利民的好事情的一种重要工程建设内容。对于水利工程来说，其同我国的基础经济结构如农业的发展有着直接的关联，由此可见水利工程建设的重要性。近年来，随着我国对于水利事业的重视程度不断增加，我国的水利工程建设进入一个新的历史发展机遇期，但是为了更好地服务于人民，服务于社会就需要解决当前水利工程建设施工中的相关问题，才能更好地切入这一历史机遇期之轨道中，从而实现水利事业的良好的发展过程。

一、水利工程中的施工技术相关概述

水利工程是利国利民的基础建设工程，其在施工建设的过程中有一个重要的工程内容就是修建大坝对河道进行疏通，此时极为重要的工作内容就是导流设计，其如果设计得当，那么对于工程建设的周期将有一定程度的缩减，使得工程建设能够提前完成，降低施工成本。此外水利工程在正常导流后还需要做好施工前期工作，这主要需要根据施工区域的地质地理条件以及实际的施工情况，来采用较为先进的地基处理技术来优化施工处的地基，

从而实现对该施工区域的地基的加固，以此实现地基的稳定。此外对于地基加固来说，还可以采用预应力锚固技术来利用预应力混凝土来进行地基的固定，实现地基的稳定。开展以上工作后就是进行相关方面的施工，对于施工来说一个非常重要的施工技术就是大体积碾压混凝土技术，该技术是一种较为先进的大坝施工急速，其具有防渗性能强，混凝土体积小的优点，其能够有效地实现高强度的土石压实填充，有助于提高工程进度和质量。

二、水利工程施工技术中存在的问题分析

（一）施工操作人员的综合素质技能不佳的问题分析

当前随着机械化程度的提升，在水利工程建设过程中已经实现了较高程度的机械化施工。对于机械化施工来说，主要是采用计算机控制，这就对施工人员提出新的要求，那就是施工人员需要具有计算机操作能力。但是由于施工人员的整体文化水平不高，导致对于计算机的操作能力不佳，是当设备出现故障的时候，难以通过计算机技术来实现对故障的定位和排除。如果长期处于这一状况，必然会导致水利工程建设遭遇很大的问题，严重影响工程施工进展。因此，如果不加强对这些低素养的过程施工人员的能力提升，势必会对我国的水利工程建设带来很大的制约，甚至造成无法挽回的损失，严重影响建设质量。

（二）施工前期勘探准备不够充分的问题分析

施工前期勘探相关的准备工作不够细致充分，导致后期计划开展严重偏差的这一情况也是水利工程施工建设中一类重要问题。一般来说，工程施工建设的前期，最为关键的一个工作就是施工区域的地质勘探。通过对施工场所的地质因素、环境因素等相关信息的全面收集并加以科学合理的处理，来得到该区域的地质具体情况，并结合施工要求来制定合理的施工计划方案。但是，很多工程建设前期对于地质勘探工作重视程度不够，勘探人员勘探技术不佳或者不全面，导致形成的施工设计方案缺乏有效的理论支撑，进而在实际操作中就会对工程施工建设造成严重影响，使得工程建设难以顺利开展。

（三）水利工程施工相关的制度不够完善的问题分析

制度问题是水利工程施工建设中的根本问题，这一问题的关键就是制度的缺失导致工程相关的工作缺乏行之有效的约束，使得各项工作处于管制的真空区域。而水利工程建设是一个系统性建设过程，其涉及的面广泛且环环相扣，因而非常容易出现各种问题。而这些问题在层层施工建设环节的紧扣中被不断突出和放大导致形成无法挽回的严重问题，使得工程建设处于风险之中，造成工程无法继续开展。这些问题的出现，不仅会给相关的企业带来严重的损失，同时也给国家的基础建设领域带来严重的冲击，导致无法实现应有的战略目的。

三、水利工程施工技术中存在的问题解决的具体措施分析

（一）加强施工操作人员队伍建设的具体措施分析

加强施工操作人员队伍建设是改善施工操作人员的整体素养的一种有效办法，对这一措施的具体内容主要包括高素质施工人员的引进和对已有员工的技术培训。对于前者来说，主要是利用高薪来聘请具有计算机操作水平的工作人员填充到工作队伍中，起到带头作用，利用强者带弱者的方式来促进工作队伍整体素质提升的良性循环；对于后者则是聘请具有高素质的培训人员对工程施工人员进行培训，通过培训的方式来逐渐提升施工操作人员的水平，使其能够适应于当前的工作岗位，从而为工程建设提供基础支撑。

（二）做好施工前的准备工作的具体措施分析

做好施工前的准备工作是改善施工前期工作准备不足的局面。具体的做法就是做好施工现场的地质条件的科学有效勘探，这就要求相关方面首先需要加强对该工作内容的重视，然后在此基础上，提供足够的资金投入，并加强相关工作人员的能力培训，并做好相应的工作安排，从而规范化工作内容，使各项工作在有条不紊的环境下顺利开展，从而有助于改善这一问题。此外，也要加强对勘探数据的合理化处理以及施工建设方案的合理化设计和验证，在确保考虑实际情况影响下能够满足要求的前提下方可开展相关工作，从而为高质量施工过程提供指导。

（三）完善水利工程施工相关制度的具体措施分析

完善水利工程施工相关制度是改善当前水利工程施工建设过程中的主要问题的根本方法。一般来说制度是约束和规范化工程施工各项工作的基础，同时也是降低出现各种问题的根本方法，由此可见这一措施是非常重要的。对于这一措施，具体的内容主要包括完善工程施工管理制度以及工程人员管理制度。对于前者主要是要完善工程施工过程中对于施工设备，材料以及施工技术和施工进度的现场监管制度，利于强有力的制度建设来约束各项工作的有条不紊地进行；对于后者主要侧重于对人员的管理，主要内容就是对施工操作人员进行业绩考核管理，技术技能管理以及权责管理。通过这些管理制度的约束来明确各个过程操作人员的具体工作内容以及对应的权责，从而实现对该人员的工作情况进行有效，从而使得工程建设过程得到相关的基础保障。

水利工程主要是针对容易出现水患或者干旱区域，通过开挖沟渠或者修建大坝的方式将原本的水之相关危害人们生活的问题转化为利国利民的好事情的一种重要工程建设内容。一般来说，水利工程建设是关系到国计民生的基础设施建设，其和我国的基础经济如农业的发展有着极其紧密的联系，由此可见水利工程建设的重要性。近年来，我国的水利工程建设进入了一个新的历史发展机遇期，尽管当前我国水利事业取得了长足的进步，但是由于历史遗留问题，导致目前的我国水利工程建设施工中存在一些问题，这些问题如果

不能得到很好的解决，未来必然会对我国的水利工程建设产生较为严重的影响。为了更好地服务于人民，服务于社会就需要解决当前水利工程建设施工中的相关问题。基于此，本节首先分析了水利工程中的施工技术相关基础性内容，然后重点分析了当前水利工程施工中存在的几大主要问题，并针对相应的问题提出了解决措施，为从事相关行业的工程技术人员提供基础指导意见。

第二节　水利工程施工技术要点

水利工程是关系到国计民生的重要工程，其质量直接影响着所在地区经济的发展速度，因此一定要狠抓施工技术，提升施工质量，确保工程项目作用的有效发挥。本节重点对水利工程施工技术要点进行论述。

一、水利工程中土方工程的施工技术要点

土方工程是水利工程中的重要环节，必须要引起高度的重视，本节从以下几个方面进行分析：

第一，做好土方开挖工作。水利工程施工建设中土方施工是不可避免的，在进行土方开挖的时候，一定要保护好相邻的建筑物，避免在开挖过程中对周围建筑物的地基带来不利影响。需要注意的是，在土方挖掘中一定要保持较快的速度，尤其是在冬季作业时，避免出现地基受冻的情况。

第二，基坑施工要点分析。土方挖掘完成之后，施工人员需要对基坑的底部做好保温工作，并且要做好基坑的排水工作，防止出现积水现象而造成基坑土壁存在潜在的塌方危险。

第三，土方回填施工要点。在进行土方回填的时候，一定要保证施工现场道路通畅，提升回填的安全性；同时，在进行回填施工之前需要清除基坑底部存在的杂物和保温材料，不能够有任何残留。回填时要根据施工要求保证好土层的厚度，并要做好夯实工作。

除上述几点施工中要掌握的技术要点外，还需要注意环境因素对施工质量的影响。一般情况下，要尽量地避免冬季施工，施工之前要进行现场勘察，制定科学合理的施工方案，并在施工技术方面进行必要的研究。为了确保施工进度和施工质量，要做好施工现场的管理工作。

二、水利工程施工中桩基工程技术要点

在水利工程项目施工中，桩基础施工技术中需要注意的要点有以下几个方面：

第一，做好测量定位工作。相关人员需要做好现场的勘察工作，对桩位进行测量和放线，在完成之后，现场监理人员要对施工情况进行确认和审核，符合施工要求才能够进行

后续的施工操作。同时，必须要对基准标高和孔位进行严格控制，保证其符合设计要求和施工规范要求。

第二，做好开孔和清孔工作。施工人员需要以现场勘察报告作为基础，比较孔深和等高线，以更好地巡视并记录岩土层，并进行科学取样。实际施工中需要对桩基的具体情况进行检验，保证桩基的稳定性，严格把控好钻孔过程，对其中可能潜在的问题要记录，做好监督管理。钻孔时一定要检测并控制平整度及垂直度，对于出现的偏差要及时调整，以保证开孔的质量。

在钻孔结束之后则要进行清孔工作，具体来讲，施工人员需要将钻头从钻孔中抽离出去，确保孔壁安全的前提下初步稀释泥浆，并在这个过程中不断地注入新的泥浆，这样能够更好地将孔底部的泥块打碎，并在泥浆的作用下更快地从孔内排出。

第三，钢筋笼施工要点。在制作钢筋笼的过程中涉及不同的阶段，这样能够确保钢筋接头在连接的同时能够错焊接。监理人员一定要对焊接过程进行监督管理，确保焊接质量。在完成钢筋笼制作之后要进行放置，一定要垂直孔洞放置，且要注意下放的时候一定要轻，避免钢筋笼出现变形的情况，也防止孔壁出现塌方的现象。

在混凝土浇筑之前一定要对混凝土的坍落度进行检查，保证其在 180 ~ 220mm 之间。对孔内导管距离孔底的长度进行检查，符合施工要求。要根据压力平衡法计算出混凝土的灌注量，且需要保证导管在首次灌注混凝土之后埋入混凝土的部分必须要达到 1m 以上，且需要将铁丝剪断之后将隔水栓埋入底部的混凝土当中。后续灌注的混凝土必须要及时地补充，保证施工的连续性。一般情况下，导管在浇捣的过程中埋入混凝土的深度控制在 2 ~ 6m 之间，具体的深度需要结合施工要求确定，以免出现拔空的现象。

三、水利工程冬季施工技术要点

本节提到在水利工程施工中要避免冬季施工，但是由于水利工程项目的施工工期较长，冬季施工难以避免，在这种情况下就需要采取科学的施工措施确保施工质量。

在冬季施工中，一定要制定科学且详尽的施工计划，并选择恰当的施工技术。施工中要做好运输道路的防滑工作，并且做好基坑内部的排水工作，避免冬季基坑存在积水而出现冻融循环现象，破坏基坑下部的结构，影响到基坑的稳定性，严重时将会出现坍塌现象。

冬季施工中，最需要注意的是混凝土施工。冬季进行混凝土施工时，一定要选择适合冬季施工且满足工程质量要求的水泥，确保混凝土的性能等级。在混凝土冷却到 5℃ 以后才能够进行模板和保温板的拆除工作，如果混凝土的表面温度和外界温度差在 20℃ 以上时，拆模之后必须要将混凝土覆盖，待其慢慢冷却之后才能够将覆盖物拿掉。在拌制混凝土时不能够使用含有冰雪和冻块的骨料，如果施工环境温度在 1℃ 左右的时候，为了确保混凝土的强度，可以在水泥当中掺入适量早强剂。

混凝土施工中，要避免砂浆在运输和拌制的过程中出现热量损失的现象。因此砂浆的拌制要在保温棚中进行，需要多少拌制多少，一次的储存时间最好不要超过一小时，拌制的地点要靠近施工地。

砌体每天的砌筑高度不要超过两米，且每天的砌筑工作完成之后需要填满顶面的垂直灰缝，并要覆盖保温板。现场要增加留设试块，并且需要在同等的条件下进行保养，通过试块对现场砌体的结构强度进行检测，及时发现问题并加以修正。

四、其他具体施工技术要点分析

在水利工程施工中涉及的施工环节较多，每个环节都要采取恰当的施工技术，并确保技术应用的科学性。

水利工程施工中隧洞施工衬砌及支护技术分析。在水工隧洞施工中主要包括开挖、出渣、衬砌或支护、灌浆等主要施工各环节，每个环节都要确保施工质量。现浇钢筋混凝土和喷锚支护是当前施工中较为常用的衬砌及支护形式。现浇衬砌施工中，主要进行分缝分块、立模、扎筋、混凝土振捣密实等操作。如果施工中选择采用砂浆锚杆模式，则要保证锚杆插入之前在钻孔内注入砂浆，待砂浆凝结硬化之后就能够形成钢筋砂浆锚杆。

水库土坝防渗加固技术也是水利工程施工中应用到的重点技术。很多水库的土坝都会出现渗水、跌窝等现象，严重的时候将会造成土坝变形渗漏，影响到水库的正常运行。在这种情况下就需要采取防渗加固处理技术，对坝体进行劈裂灌浆，并对坝肩、坝底基岩进行帷幕灌浆，通过这种方式在坝体的内部形成连续的防渗体，能够降低坝体浸润线，有效地解决坝后坡的渗漏现象，保证了坝体的稳定。

水利工程施工建设利国利民，在项目建设中为提升质量一定要采取科学的技术措施。本节重点对当前水利工程施工中的技术要点进行了分析论述，在今后施工建设中，力求不断提升施工技术水平，确保水利工程项目性能的有效发挥。

第三节 水利工程施工技术的几点思考

在社会飞速发展的现在，人们的生活水平越来越高。为了满足大众日益增多的需求，推动社会稳定发展，我们更应该做好水利工程施工技术的研究工作，从技术上不断的革新，不断的优化，只有这样水利工程才能够满足时代发展的需求。除此之外，工作人员更应该把握工程开展的具体状态，在工程开展过程中解决其中的问题，提升技术水平。

一、水利工程施工的基本特点

在水工程施工过程中有一些基本的特点：

第一，工程建设地的水流要合理的控制。大多数情况下，水利工程的施工地点都是在江河湖泊附近，所以水流带来的影响是非常巨大的。为了减少水流对于施工带来的影响，施工单位也应该合理地控制水流，尽可能地减少水流的冲刷，这样才能够顺利地进行水利工程的建设。

第二，有较高的工程质量要求。水利工程开展过程中投资比较大，整体的工期较长，所以工程的施工质量直接影响到了建设投资是否能到得到回报。如果施工质量无法达到要求，甚至会对下游地区的群众产生影响，严重的会造成生命财产问题，所以国家针对水利工程的具体施工提出了较为详细的质量要求。

第三，复杂性较强。由于整个水利工程的开展施工涉及了多个环节，会受到多种因素的影响，所以施工时间很长，也会受到气候的影响。绝大多数工程都是露天开展的，所以严寒、酷暑、暴雪、雪雨这些较为恶劣的天气，都会对工程进度产生一定的影响。

与此同时，由于工程量巨大，所以会涉及地质学气象学等多个学科。这就需要施工人员拥有较为专业的知识，还要涉及多个领域的专业知识。由于水利工程开展过程中涉及的方面比较广也需要各部门的支持，有时还会对居民的生活用水，以及交通运输产生一定的影响，所以整个工程开展过程中涉及的方面内容十分复杂。

第四，准备时间较长。很多水利工程建设的地点都处于交通不便，或者是高山峡谷的地区。由于施工的时间比较长，所以前期要做好准备工作。有时候需要进行道路的铺设，或建设临时的生活办公地点。

二、水利工程施工技术要点

（一）预应力锚固施工技术

所谓预应力锚固施工技术即通过一定的施工手段对需要施工目标进行加固的施工处理技术。预应力锚固施工技术有着较为广泛的用途，在水利水电工程中更是使用频繁。此技术加工后，加固目标更加牢固，能使得整体的水利水电施工工程有更强的稳定性。

（二）导流、围堰施工技术

大多数情况下，水利工程的建设和洪涝灾害有一定的关联。在洪涝灾害多发的地点会进行水利工程的建设。在治理洪涝灾害的过程中，不能仅仅通过修建堤坝来解决问题，因为自然灾害的力量巨大，可能会对人们的生命健康造成巨大的威胁。所以我们还可以建设水利工程进行导流围堰施工，既能够疏通水流，还能够把水流引走。

（三）坝体防渗与填筑技术

水利工程的建设有着工程量巨大和工程周期长的特点。

所以在整个工程开展过程中，往往会面临多种多样的问题。例如，坝体渗漏，如果不及时的修补，可能会带来巨大的工程问题。针对这个问题，采取较多的应对方法就是坝体防渗与填筑技术，应用这项技术就能够解决渗漏的问题。

三、水利工程施工中的主要施工技术

（一）水利工程中土方工程施工

在一个工程开展过程中，首先要做好基础的施工工作，基础的工程可能会决定整体工程的质量。为了避免天气寒冷出现冻土导致基础施工质量下降，在施工前要尽量地避开冬季。如若无法避免避开冬季，在施工前就要做好相关预防工作。针对实际情况，采取应对冬季的施工措施。对于施工过程中可能会出现的质量问题，要提前做好应对。确保能够在把握计划进度的过程中完成基础工作，施工过程中要确保材料运输通道的通畅，在雨雪天气要做好防滑。雨季基坑槽容易产生大量积水，为避免因土壁下方冻融产生的塌方情况，应及时将基坑槽内的废水排净，同时施工前还要在基坑槽内垫一些枯草等，做好基坑槽的保温。土方回填之前也应该把下部的保温材料清理干净，底部的雨雪也要及时进行清理。

（二）防渗施工技术

水利工程和水文有着紧密的联系。在具体开展过程中，工程要关注防渗漏的问题。可以建设建筑防渗墙，这过程中需要射水成墙技术、薄型抓斗成墙技术等多项技术的共同支持。我们将对这些技术进行具体的介绍分析，射水成墙技术就是在形成槽孔之后，选择塑性材料或者是水下混凝土进行泥浆护壁，在坝体墙壁进行整体的浇筑。射水成墙技术适用于黏土、砂土或粒径在 100mm 以内的砂砾石地层，主要的施工设备有造孔机、混凝土搅拌机、浇注机等。多头深层搅拌技术需要确保墙体水泥土的渗透系数在 10cm/s 以下，深度达到 22m，抗压强度在 0.3MPa 以上。多头深层搅拌法则一般在淤泥、黏土、砂土以及粒径小于 5cm 的沙砾层中适用，它的优势就是整体的造价比较低，而且质量较好，能够产生较好的防渗漏效果。整个施工过程环节比较简便，不会产生泥浆污染。

薄型抓斗成墙就是在施工过程中选择薄型抓斗进行土槽的开挖，之后选择塑性混凝土来浇筑护壁，这样挂壁外部就会形成一个防渗漏墙。

（三）混凝土工程施工所采取的技术措施

在冬季要想进行混凝土工程的开展，要遵循最基本的要求。冬季所选的混凝土类型有：硅酸盐以及普通的硅酸盐水泥。水泥要选择大于 32.5 标号的，混凝土中的水泥用量不宜少于 300kg/m³，水灰比≤0.6，并加入早强剂，有必要时应加入防冻剂。为减少冻害，应将配合比中的用水量降至最低限度。办法是控制坍落度、加入减水剂、优先选用高效减水剂。模板和保温层，应在混凝土冷却到 5℃后方可拆除。当混凝土与外界温差大于 20℃时，拆模之后要在混凝土的表面进行临时覆盖，这样能够减缓冷却的速度。其次，在拌制混凝土的过程中要选择清洁的骨料，中间不能掺杂冰雪或者是冻块，容易产生冻裂的物质也不能够放置，在添加外加剂的过程中不能选择活性骨料。有条件的情况下，要在 0 度以上进行砂石的筛洗，筛洗干净的砂石用塑料纸油布铺盖。在混凝土内添加外加剂的过程中，如果外加剂是粉状的，可以根据一定的用量，直接放置在水泥的表面和水泥共同投入使用。如果工程施工过程中，气候温度在零度左右，要在混凝土里放置一些早强剂，要确保使用的用量符合相关的规范。在有条件的情况下，应该提前进行模拟实验，确保选择的用量符合要求。

水工程施工过程中要合理地进行工程质量的控制，因为整个工程开展过程中耗时比较长，涉及的方面比较广泛，十分的复杂，所以要选择合理的技术来应对。为了确保质量符合要求，相关的技术人员也应该掌握先进的土方开挖、模板施工技术等，只有这样基础设施的建设水平才能够得到保证，才能够得到进一步的提高。

第四节　水利工程施工技术的改进措施

科技进步为水利工程发展提供了坚实的技术支持，其广泛地应用于水利工程中。水利工程具有多种功能，其数量呈上升趋势。当前，国家高度重视水利工程建设。水利工程可以促进农业灌溉，能够防洪抗旱，因此，水利工程施工期间要严格把控每一个施工环节，切实提高施工质量。

一、水利工程施工过程中常见的问题及其原因

（一）水利工程施工过程中常见的问题

随着现代化进程的不断推进和科学技术的不断发展，在国家政策的大力扶持下，我国水利工程行业得到了快速的发展。水利工程施工非常复杂，涵盖多方面内容。当前，国家制定了许多水利工程规范和政策，虽然对施工起到了一定的规范作用，但是我国水利工程施工问题依然普遍存在。

水利工程施工问题多种多样，主要表现为水坠坝施工问题、土方施工问题、混凝土坝施工问题、软土地基施工处理问题和基坑排水施工问题。

（二）水利工程施工过程中出现问题的原因

一是部分施工单位不按照既定程序进行操作，水利工程施工期间存在违规操作现象，这就给水利工程质量埋下了隐患；二是水利工程施工选址时没有做好地质勘测工作，水利工程地质资料不正确，如果水利工程施工期间发现所选地址不适合开发，然后进行重新选址，这样不仅耽误工期，还会造成人力、物力、财力的极大浪费，给水利工程带来巨大的损失；三是在水利工程施工过程中，地基处理不合理，没有对其进行加固，严重影响水利工程施工进度和质量。四是水利工程设计出现问题，如工程结构设计不合理、简图绘制不正确、荷载取值不合理，设计不合理会给水利工程施工带来困难，严重影响水利工程施工进度；五是水利工程的建筑材料不合格，由于疏忽或者鉴别能力有限，采购人员采购的水

利工程材料可能存在质量不合格现象，没有达到水利工程建筑使用的标准，材料质量问题同样会影响水利工程质量和工程施工进度；六是水利工程施工管理存在问题，如果水利工程施工单位不严格按照设计图纸进行施工，很容易造成水利工程施工偏差，导致水利工程出现质量问题。

二、水利工程施工技术分析

（一）土方工程技术

土方工程技术是水利工程施工的重要技术，主要分为三种，即水力填充式技术、定向爆破式技术和干填碾压式技术。其中，干填碾压式技术的应用范围最为广泛。土方工程技术在水利工程施工过程中是非常重要的，要严格按照国家的相关规定和标准实施。其间要特别注意水利工程施工中强度与密度的关系，这关乎堤坝的稳定性与防渗性。为了保障水利工程的土方工程施工质量，施工要做到按需申报、责任到人，严格把控各道施工工序。

（二）混凝土工程技术

混凝土工程技术包括混凝土浇筑、碾压和装配等。它是水利工程施工的核心部分，主要涉及两大内容：地基开挖处理和混凝土大坝修筑。应用混凝土工程技术时，人们要做好水利工程施工的前期准备，在实际水利工程施工中要注意对水流进行控制，妥善处理地基，科学修筑混凝土大坝，仔细安装零部件，做好细节工作，各个工序严格按照标准进行。

水利工程对混凝土质量要求较高，要求防止水流侵蚀，特别强调加固作用。施工单位要对不同的混凝土进行检测，寻找最适合水利工程建设的混凝土。

混凝土工程完工后，有些水利工程的大坝会出现裂缝，其主要原因有沉降不均、分缝不合理、结构设计不科学等，因此水利工程施工期间要合理选择混凝土检测方法。不同的混凝土检测方法具有不同的特征，水利工程施工单位要具体问题具体分析，综合各方因素，制定检测方案。

（三）灌浆工程技术

灌浆工程技术重点在于提高灌浆的密实度，在灌浆施工过程中，要采取分序加密方法，坚持先固结后帷幕的灌浆次序。灌浆工程技术主要有两种类型。一是纯压式，纯压式灌浆是先将浆液全部压入钻孔内，不断施加压力，将浆液充实进岩石的缝隙中。二是循环式，循环式灌浆是将部分浆液压入孔中，通过重力作用使浆液充满岩石缝隙，多余的浆液进行回收再利用。

（四）软土地基处理技术

软土地基处理技术主要有排水固结法、复合地基法和无排水砂垫层真空预压法。如果设计方案内容与实际地质不符，人们可以采用该技术，并结合水利工程实际施工状况，选择具体的处理技术。

三、当前水利工程施工技术的改进措施

（一）加强对水利工程施工过程的监督管理

影响水利工程施工质量的因素非常多，每个施工环节都可能造成工程质量问题。因此，要做好水利工程施工过程的监督、管理工作，监管水利工程施工的每一个具体环节。

一是水利工程施工单位在设计和实施具体的施工方案时，要结合水利工程施工的实际情况，要从水利工程施工技术、施工管理、资金支持等方面进行综合分析，确保水利工程施工方案的技术可行、资金分配合理；二是水利工程施工单位要加快施工进度，降低水利工程建设成本；三是要加强对水利工程施工过程的监督和管理，运用水利工程相关法律约束施工方的行为，让水利工程施工质量管理有法可依；四是要强化政府的监督作用，进一步保证水利工程的施工质量。

（二）保障水利工程施工的原材料质量

水利工程施工期间，原材料质量对水利工程质量起到决定性作用。因此，要想提高水利工程质量，人们就要对水利工程施工材料质量把好关。

一是水利工程施工之前要做好准备工作，水利工程施工单位要选择负责任、细心、工作经验丰富的人员去采购原材料；二是工作人员在采购原材料之前要做好详细的市场调查，掌握各种水利工程施工原材料的信息，选择最合适的、最可靠的原料供货商；三是即便工作人员选择了合适的供货商，水利工程施工材料检验员也要对材料进行严格检验，只有原材料的各种质量指标都达到水利工程施工的使用要求才可以投入使用；四是建材市场鱼龙混杂，水利工程施工单位要坚决把好原材料的质量关，不符合水利工程施工要求的原材料坚决不允许进入施工场地。

（三）要做好水利工程施工的质量验收工作

在水利工程施工过程中，事后控制施工质量是水利工程质量鉴定的一个重要环节。水利工程施工的事后控制合理到位，能够有效地提高水利工程施工质量问题的分析处理水平。一旦发现水利工程施工存在质量问题，要给予全面的登记与分析，明确提出处理这些问题的方案，提高水利工程施工质量，并及时查找原因，不断改进施工措施，保证水利工程的后续施工质量。水利工程施工环节的质量控制会直接影响水利工程的建设进度、质量水平与投资力度等，应进一步加强水利工程施工的质量控制，协调各部门的工作关系，提升水利工程施工质量，恰当处理水利工程施工进度、质量控制和投资的关系，发挥水利工程的综合效益。

（四）提高水利工程施工人员的专业技术水平

提高施工人员的技术水平对提高水利工程的施工质量有着重要影响。每个水利工程施工环节都需要专业的技术人员，但是施工人员的专业技术水平参差不齐。所以，水利工程

施工单位要合理筛选施工人员，选择有一定水利工程施工技术基础的人员，同时要定期对技术人员进行培训，提升施工技术水平。

水利工程是极为重要的基础工程设施，对经济发展和环境保护都有重要价值，因此提高水利工程施工技术应用水平就显得十分重要。科学、有效的施工技术是水利工程施工质量的基础保障。水利工程是一项国家大力支持发展的基础建设项目，不仅关系到地方经济发展，还可以造福人民，改善区域生态环境。施工期间，施工单位应积极研究水利工程施工的新技术，严格把控水利工程施工的每一个环节。特别是防渗施工、桩基础施工等几个极为关键的环节。同时，要严格按照相关规范和施工工艺进行操作，加强对水利工程施工过程的管理，以便未来充分发挥水利工程的作用。

第五节　水利工程施工技术管理重要性

我国国家对于水利工程投入了大量的人力、物力和财力，这加快了我国水利事业的快速发展和进步，同时也由于多种外界因素的影响和制约，在水利工程当中，质量事故的问题还时有发生，给人们的生命财产安全造成了重大损失。为了可以更好地保证水利工程的施工质量，我们必须要不断加强对水利工程的施工技术管理要求，更好地促进我国水利工程的长远发展。

一、水利工程施工技术管理的内容和特点分析

（一）水利工程的施工管理内容分析

水利工程管理包括到了施工过程管理和工程竣收后的验收管理，水利工程建设主要由业主、承包方和三方联合管理监理单位所组成，并且将其作为主要管理内容。水利工程项目管理的最终目标就是为了可以更好地加强水利工程项目的管理，保证水利工程的施工质量和经济效益，用最少的经济投资来实现经济效益的最大化。在水利工程施工技术的管理过程当中，主要包括施工质量管理、施工过程管理和施工技术安全管理以及施工进度和施工造价管理等，有着严格的要求。建设单位和监理单位必须要根据工程的实际情况制定出合理的施工组织计划，选择合理的建筑材料和施工机械设备，水利工程的承包单位还要严格按照组织计划来进行工程施工，并对工程施工现场的施工进度进行详细管理。监理单位还必须要在施工现场当中实施严格的监督管理，更好地确保水利工程的施工进度和施工质量，满足业主的设计要求。

（二）水利工程施工管理的特点分析

水利工程属于工程施工项目之一，具有长期长、施工范围比较广的特点，总体建设规模非常庞大，这也造成我国水利工程在施工时具有较强的复杂性，尤其是在水利工程管理

当中，内容更是十分多样。相关管理人员必须要不断加强重视，并且还要积极分析水利工程的管理特点。从实际发展来看，水利工程很容易就会受到自然因素和人为因素的制约，比如地震、洪水等各项自然灾害，都会严重影响到了水利工程的施工质量管理，这也造成我国水利工程施工管理的不确定性。在这种情况下，采取科学有效的施工管理措施就显得非常有必要，还属于提高水利工程施工管理的有效途径。

二、水利工程施工技术管理的重要作用分析

水利工程具有自身特有的特点，这些特点决定了水利工程在施工过程当中周期非常长、需要用到的自然资源种类比较多、施工量比较大、流动性比较强等特点。同时又由于水利工程施工具有以下特性：水利工程经常是在河流上进行、容易受到自然条件的影响等，很容易就会由于外界环境因素的影响而造成水利工程的施工质量不符合规定要求。但是对于一些偏远地区的水利工程建设来说，工程材料的运输非常困难，必须需要专门工作人员修建道路，修建道路和机械设备的进出场费都非常高，增加了整个工程的生产成本，降低了经济效益。水利工程项目的唯一性也造就了施工过程中的独特性，需要工作人员不断地加强对施工安全的重视程度，由于各个行业工程管理的内容都不一样，水利工程的工作人员就需要不断反复筛选施工方案，更好的保证水利工程项目的施工质量。当前随着我国建筑行业管理体制改革的不断深化，以工程施工技术管理为核心的水利施工企业的经营管理体制也发生了很大变化。对于施工企业来说，既要为业主提供一个合格优良的建筑产品，同时还要确保产品能够取得一定的经济效益和社会效益，这就必须要求管理人员能够对施工项目加强规范性管理，特别是要加强对工程质量、进度、成本的管理控制要求。施工人员还必须要从项目的立项、规划、设计、施工以及竣工验收、资料归档、档案整理环节入手，整个过程都不能有任何的闪失和差错，否则引起的经济损失是不可估量的。在这当中，施工属于最为重要的一个环节内容，而且还可以更好地将设计图纸转换为实际过程，任何一道施工工序都会对水利工程的质量产生致命性的损失，因此，对于项目的现场施工管理，必须要不断地加强重视。

三、完善我国水利工程项目施工技术管理的具体解决措施分析

（一）加强水利工程的运行管理，积极完善各项规章制度

根据国家一系列法律法规和规章制度的要求，再结合实际情况，制定了一系列管理方法和规章制度。在水利工程的具体施工当中，我们必须要积极改变各种不良习惯操作，严格遵循好各项规章制度，认真做好各项设备的运行记录。同时我们还要建立起运行分析管理制度，对仪表指示、运行记录、设备检查等各项问题和现象进行详细分析，及时找出问题产生的原因和规律，并对其采取相应的解决措施和应对对策。

（二）积极提高工作人员的施工技术水平，确保工程的安全性

在水利工程的施工过程当中，相应的技术管理也必须要始终把安全放在首要位置，建立起健全的安全生产组织制度，采取一系列有效的管理措施，更好地提高工作人员的施工技术能力水平，从相应的规章制度约束工作人员的行为。在制定好规章制度之后，我们还必须要确保制度的落实，各种各样的经验和事例都说明安全生产和每个职工切身利益存在着非常紧密的联系，可以更好地提高工作人员按照规章制度执行工作的自觉性。

对于各种各样的安全事故来说，工作人员还要积极开展各项调查分析管理工作，及时填写各种调查报告和事故通报，而且工作人员在发生事故之后，还要不断总结，只有从思想上认识到问题产生的原因以后，才可以避免后续相似问题的产生，减少相应的经济损失。同时我们还要制定出相应的奖惩措施，制定出奖励和惩罚的制度规定，对于表现比较好的工作人员进行适当奖励。不仅可以从思想上也可以从物质上进行奖励，更好地提高工作人员的积极性和主动性。同时对于一些表现不够良好的工作人员来说，还可以进行相应处罚，使其能够明白自身的缺点，积极改善自己的思想，充分提高整个工作队伍的积极性。在工作人员队伍当中，还要形成一种工作氛围，加强安全生产的重要认识。在水利工程的建筑施工当中，水利工程属于一项技术性非常紧密的工程企业，所以对于施工人员的要求就比较高，我们必须要不断加强对施工人员的技术要求，更好地提高整个工程水平。

（三）不断加强技术监督管理能力

在"质量第一，安全第一"的前提下，必须要根据水利工程的实际情况进行技术更新和技术改造工作，逐步将恢复设备性能转变到改良设备性能上，延长水利工程设备的检修周期、缩短工程周期、保证水利工程的检修质量，同时还要积极学习各种新技术，掌握好新型工艺，熟悉新材料的物理化学性能和使用方法。对于工作人员来说，还要积极改变传统的工作方法和工作步骤，充分运用现代化网络技术和操作步骤，制定检修网络图，提高水利工程的检修质量，缩短工程周期，这也可以极大降低水利工程的能源消耗，提高水利工程的经济效益水平。如果要想更好地提高水利工程的技术管理水平，还必须要进行一定的技术监督管理工作，对于各种设备进行定期或者是不定期检测，了解各种设备的技术状况和变化规律，保证设备具有良好的运行状况。

随着当下我国经济水平的不断提高和进步，我国社会各个领域都得到了很大的发展和提高，水利建设事业也不例外，我国国国内各个小型、中型工程建设项目大量出现，呈现出了一派繁荣的景象。在这种情况下，加强对水利工程施工技术的优化管理工作和水利工程企业管理人员的重视程度，就可以更好地解决水利工程当中出现的施工安全和施工质量方面问题，提高水利工程的质量和使用性能。

第三章　水利工程施工技术创新研究

第一节　节水灌溉水利工程施工技术

现代人口数量的不断增长使我国对粮食的需求不断提升，与此同时，全球水资源也在不断减少，在此过程中，节水灌溉技术的有效应用对我国未来农业发展具有极其重要的现实意义，必须对其加强重视。据此，分别探究几种节水灌溉技术，希望能够为其相关人员的具体工作提供更为丰富的理论依据。

一、步行式灌溉技术

在我国目前农田水利工程中具体应用节水灌溉技术时，步行式灌溉技术是其极为重要的一项施工技术。该技术具体应用于快速移动的情境内，但是该技术的应用普遍存在一定程度的缺陷，因此，相关工作人员在应用过程中需要结合其他灌溉技术共同作业，基于多项技术有效配合能够确保更为合理地使用步行式灌溉技术。尤其是在内蒙古包头农业发展过程中，步行式灌溉技术能够确保有效结合节水技术和节水农艺，在满足当地现实需求的同时，重新组合调整整个节水系统，确保能够更为充分地应用该项灌溉技术。与此同时，在内蒙古地区，不同位置地理现状存在很大程度的差异性，而该技术适用性普遍较高，灌溉人员可以基于具体需求对其进行随意调整，不会受到现实环境的妨碍和限制。总体来讲，能够更为高效地利用水资源，同时还可以进行资金投入的科学控制，在我国目前水利工程进行节水灌溉时具有较为普遍的应用。

二、滴灌技术

在我国农业建设过程中，滴灌技术具有较为广泛的应用面积。该种灌溉方式具体是在农作物根部设置滴水管道，打开控制阀门之后，水资源便可以以滴灌的方式流入农作物根部，确保农作物迅速吸收水分。该种节水灌溉方式的有效应用能够确保更为高效地利用水资源，大大降低浪费率，确保充分利用每一滴水。与此同时，该种灌溉技术还可以在一定程度内结合施肥技术，现场灌溉人员可以利用滴水管道向农作物根部输送肥料，进而确保有效减少人为作业，实现肥料吸收率的有效提升，是我国目前较为理想的一项节水灌溉技术。但是具体应用该技术时，操作手段较为繁杂，同时具有极高的计算要求，因此在我国目前并没有实现普及应用。

三、微灌技术

微灌技术是基于滴灌系统改进形成的，在具体应用水资源时，其利用效率通常处于喷灌技术和滴灌技术之间。在具体应用微灌技术时，首先需要利用压力管道进行抽水作业，然后通过利用管道系统向需要灌溉的位置输送水资源，最后利用设置于灌溉出口处的微灌设备实施灌溉作业。在具体输送和喷灌水资源时，水资源蒸发效率普遍较低。与此同时，相关工作人员在具体应用该技术时，使用的喷头孔径普遍较小，能够对其水资源利用率进行更高程度的保障。

四、渠道防渗技术

无论是选择使用微灌技术，步行式灌溉技术，还是滴灌技术，都需要抽调水资源并将其输送至特定地方。因此，在具体工作过程中，为了能够实现资源消耗率的有效降低，相关工作人员需要对其水资源输送过程中的渗透和蒸发进行不断控制。基于此，渠道防渗技术的科学应用具有极其重要的现实意义。在具体应用该技术时，工作人员首先需要进行渠道防渗材料的科学选择，同时进行渠道坡度和长度的合理设置，保障在渠道内能够快速流通水资源，实现渠道流经时间的大大降低，以确保对水资源渗透率进行更为有效的控制。

五、喷灌技术

该技术具体是指在需要进行灌溉作业的位置安装喷灌设备，然后利用较强水压向喷头输送水资源，使其能够在空中形成水幕，进而对面积较大的作物进行灌溉。该种灌溉方式可以在一定程度内利用电脑进行控制，不需要人力监管便可以自动完成浇水作业。但是，该技术通常对其相关设备具有较强的依赖性，现场人员在具体应用该技术时，需要对其设备质量加强保障，同时还需要定期检修，以此为基础，才能确保工程的有序运转。该技术的科学应用能够在很大程度内降低现场工作人员工作量，操作方式较为简单，同时具有较大的灌溉面积，水资源需求普遍较少，适合应用于部分具有较强空气湿度的无风地区。

六、地面浇灌法

地面灌溉法是应用范围最为广泛同时应用时间最长的一项传统灌溉技术，通过科学规划畦和水流量能够进一步实现节水效果。具体开展相关工作时，现场工作人员首先需要在农作物种植区域内寻找水源，科学修建水渠，然后在农作物区域内引入河流中的水资源进行灌溉作业。为了实现更为有效的节水目的，灌溉人员在具体选择河流时，必须确保其科学性，保证能够充分利用每一滴水资源。同时，还需要科学修建阀门，利用阀门孔进行水流控制，确保能够有效保护水资源，避免浪费。

第二节　水利工程施工灌浆技术

系统性和整体性是水利工程建设的主要特点，因为这两个特点的限制，造就了其工作的复杂烦琐，在较强的专业知识、专业技术基础之上才能够保证工程的顺利进行。在现行施工状态下难免会产生一些施工难题和阻碍工程顺利进行的障碍，解决这些难题障碍就成了创新研究的主体。在目前国内水平日趋向上发展的趋势推动之下，就必须加强对技术的认识，加强对知识的解读。

一、灌浆施工的概念结构

灌浆施工是一种复杂的系统性结构，这种"最优化"意义下的系统采用工程分析进行最优化处理，处理方法在子系统之间进行耦合变量链接，最终达到最优化效果。在当前的系统运行之下，主要从两个方面进行分析，一方面，采用工程观点，来决策变量和施工控制，这一方面的观点主要来验证该技术的可行性。另一个方面，是在系统运行一段时间之后，对系统发生的改变进行新的状态变量输入灌浆数学模型进行分析，并且以此来判定系统的稳定性。

灌浆的作用如下：使孔隙和裂隙受到压密，所谓的压密作用就是挤密和压密，最终使地层的密力学性能得到提高。灌浆的浆液使凝成的结石对原有的地层缝隙进行填充，这样的填充作用能够提高地层的密实性，从而更容易展开工作。在经历前两步的作用之后，地层中的化学物质会和填充的浆液进行反应，从而形成"类岩体"，这就是灌浆施工的固化作用。前期工作一完成，灌浆施工的任务几乎就完成了，最后最重要的结尾工作就是粘合作用的目的——利用浆液的黏合性，对脱松的物体进行黏合，最终改善各个部分联合承载能力，使工程严密程度升高。

二、灌浆技术的应用

（一）准备工作

施工的流畅程度主要就在于工程的前期准备，只有制定出完整的施工计划，才能够确保工程的流畅性。施工还要未雨绸缪，考虑到一些不可预知的事情，比如：施工场地、施工天气等一系列情况，都要在前期准备工作中做好充分的预备方案，适时地对相关工作进行调整，以应对突发情况，提高工程效率。准备工作中还应该要对施工的环境进行考核，这样才能够确保安全施工，保证施工的顺利进行。

（二）施工步骤

1.钻孔

钻孔占据着整个工程的重要位置，在钻孔过程中，应该保证孔的垂直，还要确保打孔的倾斜度，如果超出了预算的倾斜度合理范围，这一次的打孔就以失败告终。在不同项目里，钻孔的标准也不是相同的，所以要工人在施工过程中严格把关，这样规范化的工程才能够顺利进行。

2.冲洗

冲洗工作是在钻孔之后进行的，这样才能够保证灌浆的质量。这一环节是通过高压水枪强力喷射来洗去孔内的污垢，确保其干净。有时钻孔会产生裂缝，这就要求在清洗时对裂缝一并处理，这些裂缝的处理都能够为之后的工作提供保证。如果清洗之后还没有完全干净，可以采用单孔和双孔的方法进行再处理。

3.压水

冲洗干净孔之后的工作就是压水了，压水工作之前应该勘察该地层的渗透能力，分析完之后求出相关数据进行参考。通常在实验时一般采用自上而下的运行方式。

4.灌浆

虽然前期有数据支持，但是，在正式灌浆之前还是要对灌浆的次序和方式进行确认。灌浆模式一般采用纯压力模式和环灌模式，因为这两种模式的流动性更强，能够使灌浆顺利沉积，这样就能提高灌浆的品质。

5.封孔

最后一步收尾工作是封孔，封孔的步骤要求非常严格，一定要按照既定的计划来执行，以确保整体工作的顺利收尾，保障施工过程中既安全又高效地完成工作。

三、施工注意事项

（一）浆液浓度控制

浆液的浓度会最终影响施工的效率。浆液浓度要在施工之前进行控制分析，工人要熟练掌握浆液浓度改变的应对方法，此前在灌浆施工就有过因浆液浓度导致整个施工失败的案例。浆液是一种液体物质，具有流动性。浓度越低流动性就越好，但浓度过低会使灌浆装载增加，容易产生开缝、漏水问题。如果浆液浓度过高，会使浆液停滞，难以流动，容易产生浆液供应不足的问题，降低工程的效率。所以保证浆液的浓度是灌浆工程的首要任务，只有做好这些，才能够提高工程的流畅性。

（二）应对意外

在工程建设中难免会出现一些突发的未知的情况，由于灌浆施工场地相对较为混乱，所以应对突发事件就对工人的素质提出较高的要求，因为高素质的工人能够在突发事件时做出正确的判断。这些因素有些是人为因素，也有的是自然因素。意外事件不可避免，但是前期的准备还是会对后期的施工过程起到作用的，工人应该用科学的方法应对意外，最大程度上保证工程的顺利运行。处理意外事件要妥善，要对既有的意外事件进行经验总结，以备后用。

（三）控制浆液压力

灌浆压力的控制方法主要有两种：一次性升压和分段式升压。前者适用于一般的完整的裂缝发育、透水性低、岩石硬的情况。该类情况应该尽量将压力升至标准压力，然后在标准压力下，浆液会自行调配比例，然后逐渐加大浆液浓度，一直到灌浆结束为止。

分段式升压法应用于一些严重的渗水。该方法主要分为几个阶段，最终能够使压力达到标准。在灌浆过程中的某一级压力中，应该将压力分为三级，然后确定规定的压力大小，这样分段式控制压力就能够发挥作用了。

（四）质量检验

因为灌浆工程属于隐蔽性工程，所以在竣工之后要对工程进行复检。认真检查孔的设置，在钻取岩芯之后要反复观察胶结情况，还要进行压水测试，检查孔的相关问题，检查工程前后的数据记录，综合工程进行分析。只有各项检查过关之后，工程才算是真正完成。

灌浆技术在水利工程中的重中之重地位不言而喻，所以研究施工过程中的问题，就是对灌浆技术的总结，这是保证灌浆工程施工质量的前提，是水利工程发展的一个大的转折点。

第三节　水利工程施工的防渗技术

自改革开放以来，我国水利工程项目明显增加，水利工程施工环境日渐复杂化，频繁出现渗漏问题，影响水利工程建设经济效益。施工企业要多层次高效利用防渗技术，加大防渗力度，最大化提高水利工程施工效率与效益。因此，本节从不同方面入手探讨了水利工程施工的防渗技术的应用。

在社会经济发展中，水利工程种类繁多，存在的问题也日渐多样化。其中渗透问题最普遍，导致水利工程投入使用之后功能作用无法顺利发挥，甚至危及下游地区住户生命财产安全。在水利工程施工中，施工企业必须准确把握渗漏问题出现的薄弱环节以及渗漏具体原因，巧妙应用多样化的防渗技术，科学解决渗漏问题，促使水利工程各环节施工顺利进行，实时提高水利工程施工质量。

一、水利工程施工中防渗技术应用的重要性

水利工程和传统建筑工程相比，有着明显的区别，属于水下作业，有着鲜明的复杂性与不确定性特征。水利工程施工中极易受到多方面主客观因素影响，出现工程结构变形等

问题，引发渗漏问题，影响水利工程施工进度、施工成本、施工效益等。所以防渗技术在水利工程施工中的科学利用尤为重要，利于实时对建设的水利工程项目进行必要的防渗加固，避免在施工现场各方面因素作用下，频繁出现渗漏问题，动态控制水利工程施工成本的基础上，加快施工进度，提高施工效益。与此同时，防渗技术在水利工程施工中的应用利于提高水利工程结构性能，充分发挥多样化功能作用，实时科学调节并应用水资源，降低地区洪灾发生率，提高水利工程经济、社会乃至生态效益。

二、水利工程施工中防渗技术的应用

（一）灌浆技术

1. 土坝坝体劈裂灌浆技术

在水利工程施工中，灌浆技术是重要的防渗技术，频繁作用到施工各环节渗漏问题解决中。灌浆防渗技术类型多样化，体现在多个方面，土坝坝体劈裂灌浆技术便是其中之一，可以有效解决水利工程坝体出现的各类渗透问题。在具体应用过程中，施工人员要根据水利工程坝体所具有的应力规律，以坝体轴线为切入点，进行合理化布孔，在孔内灌注适量的浆液，促使坝体、浆液二者不断挤压，确保浆液更好地渗透到坝体中。有效改善坝体应力分布状况，从源头上提高水利工程项目坝体安全性、稳定性，避免坝体频繁出现渗漏问题。在此过程中，施工人员要从不同方面入手深入分析坝体具体条件以及出现的裂缝问题，科学利用土坝坝体劈裂灌浆技术。如果水利工程坝体裂缝只是在某些位置均匀分布，施工人员在利用该灌浆防渗技术中，只需要对出现裂缝的具体位置进行灌浆防渗处理；如果水利工程坝体不具有较高的质量，贯通性裂缝问题又频繁出现，在防渗处理中，施工人员需要科学利用全线劈裂灌浆技术，最大化提升坝体严密性，具有较高的防渗效果。

2. 卵砾石层帷幕灌浆技术

和一般的灌浆技术相比，卵砾石层帷幕灌浆技术有着本质上的区别。应用其中的灌浆材料不同，属于水泥、黏土二者作用下的混合浆液，被广泛应用到卵砾石层中，主要是该类石层钻孔难度系数较高。在应用过程中，施工人员可以采用打管以及套阀灌浆方法，控制好灌浆孔，顺利提高灌浆效果。但该类灌浆技术在防渗实际应用中，存在一定缺陷性，会受到卵砾石层影响，常用于水利工程防渗辅助方面，有效解决渗漏问题的同时，还能最大化地提高材料利用率。

3. 控制性与高压喷射灌浆技术

（1）控制性灌浆技术。

控制性灌浆技术建立在传统灌浆技术基础上，属于当下对传统灌浆技术的优化。通常情况下，在应用控制性灌浆技术中，水泥是关键性施工材料，并应用一些适宜的辅助材料，有效地改善应用其中的水泥物理性能，有效提高作用其中的材料的抗冲击性能以及防渗质量，避免在土体中水泥浆频繁出现扩张现象。同时，当下控制性灌浆技术在水利工程坝体、围堰以及堤防方面应用较多，可以有效解决相关的渗漏问题。

（2）高压喷射灌浆技术。

在应用高压喷射灌浆防渗技术过程中，施工人员只需要在钻杆作用下，顺利实现高压喷射，确保水、浆液喷出之后，可以及时冲击对应的土层，使其和土体均匀混合，形成水泥防渗加固体，防止水利工程出现渗漏问题。具体来说，高压喷射灌浆技术可以进一步划分，高压定喷灌浆技术、高压摆喷灌浆技术等。施工人员必须坚持具体问题具体分析的原则，客观分析地区水利工程施工中渗漏问题，高效应用高压喷射灌浆技术，借助其多样化优势，做好加固防渗工作。以"高压旋喷灌浆技术"为例，其应用范围较广。比如，淤泥土层、粉土层、软塑土层。施工人员可以将其作用到水利工程深基坑加固防渗中，在旋喷桩作用下，提高基坑结构性能。

（二）防渗墙技术

1. 多头深层搅拌和锯槽防渗墙技术

在水利工程施工防渗方面，防渗墙技术也频繁应用其中，有着多样化优势，避免雨水侵蚀水利工程结构等，多头深层搅拌防渗墙技术便是其中之一。在应用过程中，施工人员要在多头搅拌机作用下，及时在土体中喷射适量的水泥浆，均匀搅拌水泥浆，使其和土体有机融合，以水泥桩的形式呈现出来，再对各搅拌桩进行合理化搭接，形成水泥防渗墙。此外，在应用锯槽防渗墙技术中，施工人员要将锯槽设备应用其中，刀杆必须按规定的角度倾斜，多次切割土体的同时向前开槽，动态控制设备移动速度，利用循环排渣法，排出切割下来的土体。锯槽成型以后，施工人员便可以向其浇筑适量的混凝土，形成防渗墙，厚度在 0.2-0.3m 间。该防渗技术常被应用到砂砾石地层中，具有可以连续成墙、高施工效率等优势。

2. 链斗法、薄型抓斗与射水防渗墙技术

在应用链斗法防渗墙技术中，施工人员要科学利用链斗开槽设备，规范取下土体，明确成墙深度，科学放置排桩。在开槽设备作用下，向前开槽，借助泥浆优势，保护好槽壁，浇筑适量的混凝土。在应用过程中，砂砾石粒径必须小于槽宽，砾含量不能超过 30%。同时，在应用薄型抓斗防渗墙技术中，施工人员要控制好薄型抓斗设备的斗宽度，在孔洞开槽的基础上，借助水泥浆优势，保护好孔壁，再浇筑适量的混凝土。该防渗墙技术可以应用到多种土层中，有着其他防渗墙技术无法比拟的优越性，成槽速度较快，防渗施工成本不高，泥浆消耗量较少等。在防渗施工中，施工人员也可以利用射水防渗墙技术，要科学应用作用到水利工程防渗中的设备，比如，浇筑设备、搅拌设备，在造孔设备作用下，顺利喷出高速与高压的水流，科学切割土体，在成型设备作用下，多次修整，最大化提高槽壁光滑程度，在反复出渣的基础上，在槽孔中浇筑适量水泥浆，形成防渗墙，达到防渗目的。

总而言之，在水利工程施工中，施工企业要科学利用多样化的灌浆与防渗墙技术，做好防渗加固工作，科学解决渗漏问题，高效施工的基础上，提升水利工程应用价值，更好地服务于地区经济发展。

第四节　水利工程施工中混凝土裂缝控制技术

水利工程作为国内经济建设基础在人们的日常生活中得以广泛出现，水利工程建设的特点有规模大、消耗时间长，实际投入各项成本过大、建筑实际成本多、施工困难等，因此在建筑施工时常会产生各类的质量问题。水利工程在实施建设过程中最为常见的问题是混凝土裂缝问题，这类问题会降低工程使用期限，也会影响水利工程内部的稳定可靠性，对工程社会效益来说是较为不利的。混凝土裂缝问题需要引起建筑企业重视，使用先进科学的手段实施干预，以确保有效提高施工质量，切实提升水利工程实际运行效率和效益。

一、水利工程施工中混凝土产生裂缝的原因

（一）塑性混凝土裂缝出现的原因

混凝土浇筑作业过后，进行凝结凝固时，若环境是十分不稳定的，例如高温、振动，混凝土尚未凝结以前，都会有失水状况的存在，进而会使得混凝土发生变质、变形，致使混凝土最终体积因此发生改变，不能与建筑施工设定目标保持一致。鉴于此类状况，会出现塑性裂缝。大多情况下，塑性裂缝呈现中间宽、两边细的特征。

（二）收缩混凝土裂缝出现的原因

混凝土凝固过程中，体积会发生一定的变化，例如缩小，进而致使混凝土出现收缩、变形等状况。此种状况下，有较大的约束力，很容易产生收缩裂缝，尤其是搭建高配筋率时，受到钢筋的影响，周边混凝土会产生相应的约束力，导致钢筋对混凝土收缩情况进行限制，由此出现了拉应力。借助此类作用，混凝土收缩裂缝情况极其容易在构件内发生变化。

（三）因温度变化而导致的裂缝

混凝土凝固过程中，对环境条件有着较高的要求，尤其对温度来说是要求比较严格和敏感的。混凝土在完成浇筑过后，若没有妥善对混凝土建筑进行养护，控制混凝土周边温度的环境，会造成混凝土内部产生裂缝状况。混凝土凝固过程中，若混凝土内外部温差过大或温差明显，受到热胀冷缩的影响，混凝土实际应力会随之发生变化。比如，受到温差变化的影响，有序对混凝土构件力进行拔高，若实际应力远远大于预期规定承受能力时，混凝土将会产生温度裂缝。

二、水利工程施工中混凝土裂缝控制技术

（一）施工材料控制

水利工程进行施工时，混凝土结构性能会受到施工材料的影响，进而造成混凝土出现

裂缝。结合这一实际情况，施工管理单位要切实做好材料管控工作，严格参照施工建设方案的材料标准和规范进行施工，采购材料的过程中，要保障水泥的型号、骨料实际级配、粒径等各项要求和施工建设标准保持一致，确保混凝土内部的结构性能。与此同时，选取水泥材料的途中，作为施工单位应该在确保水泥材料的性能的同时，兼顾选取水化热偏低的水泥进行施工。

（二）混凝土配比控制

施工材料选取完毕过后，施工单位要制定符合施工要求的混凝土最佳配合比，借助施工材料对其进行反复试验，及时测量混凝土预期建筑强度、塌落度等，进而获取最优的配合比例，提高混凝土结构的性能。但需要引起关注的是，水利工程使用的混凝土大多是借助工厂搅拌混合后向施工现场进行运输的，作为施工单位要及时控制和管理混凝土运输质量，确保到达现场及时验收，方可进行施工。

（三）施工温度控制

水泥水化热是造成混凝土施工时温度变化的主要原因，施工企业参与施工时的各项性能要求，尽量降低水泥的使用频率，若必须使用则多选取低水化热的水泥进行施工，减少混凝土搅拌时散发的热量。混凝土实施搅拌前，借助冷水对碎石进行冲洗，减少产生热量。单位要选取有效的施工时间与浇筑方式。大多浇筑时间在早 7：00-10：00，下午 3：00-6：00，杜绝高温作业提升混凝土结构内部温差。实施浇筑时，使用分层浇筑施工，加强混凝土散热能力。若水利工程施工选取大体积混凝土，施工单位要安装冷却水管，减少混凝土内外温差和内部应力，避免产生裂缝。

（四）开展养护工作

混凝土施工质量的基础是要做好养护工作，其也是杜绝裂缝产生的主要措施。首先，妥善对混凝土构件实行保温，使用防晒手段，杜绝温差大而产生裂缝。施工人员需要参照施工需求和标准进行施工。借助设置草席、塑料等手段实施养护。要想杜绝人为对其进行干预和破坏给混凝土产生危害，需要委派专人进行管理。

（五）混凝土塑性裂缝控制技术

水利工程进行施工时，要控制混凝土塑性裂缝，要立足实际从源头入手，也就是制作混凝土的源头。配置混凝土时，要选取合适的集料配合比例，设计科学有效的配合比例，尤其是混凝土的水灰配合比例。进行配置过程中，要认真进行考察，深入调查研究和了解实际状况，结合实际需求，选取最佳的减水剂，保证混凝土可塑性达到施工建设标准。想要有效实施混凝土浇筑工作，需要使用有效的管理办法实施振捣，以此为基础，不发生过度振捣的状况，借助科学有效的办法，降低混凝土发生泌水状况，杜绝模板沉陷。若出现塑性裂缝，要妥善处理，确保在混凝土终凝前完成抹面压光工作，保证裂缝有效闭合，降低压缩问题。

（六）混凝土收缩裂缝控制技术

混凝土收缩若出现裂缝，应该结合裂缝内产生的裂缝，选取合适的施工材料进行修复，比如借助环氧树脂等施工材料，妥善对裂缝表层进行维修处理。结合实际状况来说，使用控制技术仍存在一定的局限性，仅仅只从表层对混凝土裂缝进行修护，想要从源头控制混凝土收缩裂缝，要把制作混凝土看作至关重要的关键一步。第一，优化升级混凝土性能，结合实际状况，科学减少水灰比例，有序降低水泥实际使用含量；第二，重视混凝土配筋率，科学有效对其进行设置和管理，确保分布变得规范、有序，进而杜绝发生裂缝状况；第三，及时养护混凝土，重视养护管理工作，结合实际状况妥善对混凝土保温覆盖时间进行控制，及时做好涂刷工作，最大限度降低混凝土发生收缩裂缝状况。

（七）混凝土温度裂缝控制技术

要想降低混凝土温度敏感程度，需要立足下述方面：首先，选取材料时，水泥要选择低、中热的矿渣和粉煤灰水泥，对水泥用量进行严格管控，水泥含量不得 > 450 kg/m³；其次，要降低水灰比，保证水灰比 < 0.60；再次，对骨料级配进行控制，实施过程内部，要添加一定的掺粉煤灰、减水剂，降低水化热程度，减少水泥实际含量；再者，对混凝土浇筑工艺和水平进行优化升级，切实降低混凝土温度，借助相关工艺满足预期要求；接下来，结合实际状况，混凝土浇筑施工工序进行妥善控制，进行浇筑途中，降低温差给混凝土凝固产生的各类影响。使用科学有效的分层、分块的管理办法，妥善进行混凝土散热工作；最后，混凝土进行养护时需要严格控制标准，混凝土实施浇筑完成过后，养护工作是至关重要的，如果天气温度高，需要保护混凝土，及时覆盖和降温，立足实际，妥善进行洒水防晒工作。参照施工要求，强化养护管理期限，杜绝发生温差过大的情况。

根据水利工程施工建设中混凝土出现裂缝的各项原因，立足实践妥善分析混凝土裂缝控制技术，建设水利工程时，混凝土产生裂缝大多是因为各类原因所造成的。因此，我们需要使用科学的混凝土施工办法，配置最佳的混凝土比例，妥善进行养护管理工作，从源头控制管理原材料工作，在很大程度上能有效预防和减少混凝土发生裂缝的频率，进而使得水利工程能够在施工时得到有效保障，以此促进水利工程施工在未来建设中的基础，为后续实施水利工程奠定坚实支撑。

第五节 水利工程施工中模板工程技术

随着现代社会的不断发展，工程质量逐渐被人们所重视，而水利工程由于与人们日常生活关系密切，其工程质量也越来越被人们所重视。不断提高水利工程相关技术将是对其工程质量的良好保障，将更新颖更专业的模板工程技术应用到水利工程施工中，便是保障工程质量，提高相关技术重要举措之一。

一、模板工程技术的相关概念

（一）模板施工技术的重要性

在水利施工中，混凝土浇筑构（建）筑物前需要在该地先做出一个浇筑模板，制作这块模板便是水利工程中的模板工程。模板工程分为两部分，其一是模板，其二是支撑，混凝土是直接浇筑进模板与模板之间进行直接接触的，所制作模板的体积是由图纸上混凝土的浇筑体积决定的。模板工程的支撑部分就是起支护模板，让模板位置安装正确并能承受混凝土的浇筑以实现模板功效的。同时由于模板直接决定了混凝土的成型，这便需要模板与混凝土最大程度实现尺寸、体积等方面的符合程度，以将误差最小化。模板方面，若是各模板的接缝处不严密就会使得后续混凝土浇筑时发生严重影响工程质量的漏浆情况；而支撑方面，如果支撑力度不达标，那么在后续混凝土施工时就容易导致变形和错位等质量缺陷，甚至质量事故的发生而严重降低其工程质量，与之相应的模板相关方面就会出现偏差，不仅影响着水利工程的质量甚至还会导致水利工程坍塌，导致各种事故的发生，故而近年来我国水利工程施工对其施工质量也确定了相关的标准。因此，模板工程技术在水利工程中的地位可见一斑。

（二）关于模板的主要分类方式

模板类型众多，为了使模板使用更加规范化、科学化，常以多种分类方式进行一定分类，也便于查找应用。其中分类主要标准分别是按制作材料分类、根据不同的混凝土结构类型、按模板的不同功能、按模板的不同形态、按照组装方式的不同、根据不同施工方法不同和所处位置的不同这七种标准。通过多种的分类方式，以便施工中能更快捷有效率的进行相关模板选择，通过更切合实际的模板来实现更高效的建筑施工，并通过一定的相关工程技术，有效提高整个工程的质量。

（三）模板设计的相关要求

在混凝土施工中，混凝土凝结前始终处于流状物体，而将这种形态的混凝土制作成符合设计要求的形状和尺寸的模型，即是模板。首先，要确保施工完成后所得到的混凝土的各个方面符合要求，而模板也要更好地保证刚度、强度和耐久性，以确保其安全性与稳定性。在拆装模板时也要确保模板的便捷性，不破坏模板重复利用的同时保证结构达到相关标准。同时，也要求模板的外在方面做到表面光滑、接缝严密，同时由于未凝结时混凝土处于半流体，模板还需有良好的耐潮性。在模板的设计方面，技术工作人员要对施工地点、环境等实际情况进行现场调查，以确保设计出的模板方案科学合理、符合施工要求并切合当地实际情况。此外，模板设计时还要制定配图设计和支撑系统的设计图，然后，根据施工中的详细情况进行一定计算，确定科学合理的模板装卸方法。

二、模板施工技术在水利工程中的应用

（一）模板施工的连接技术

在模板设计完成后，将根据实际情况以各种方式进行模板连接工程，故而模板工程技术应用于水利工程施工的过程中。技术人员应当重视机械连接、接头质量、焊接类型等各种连接过程的细节，并在连接施工结束后，对相关成果进行详细的全方位检查，以最大程度的保证工程施工中模板工程技术施工的工程质量。此外，在水利工程施工模板技术的应用过程中，施工人员可以在某根钢筋上仅安置少量钢筋接头，如此不仅能够最大化地提升模板工程技术应用的质量，而且对后续施工技术的展开也有着积极影响。

（二）模板施工中的浇筑技术

在开展模板工程施工的过程中，需要严格要求模板工作的相关程序，以确保工程中最重要的质量问题，而混凝土浇筑技术则有着影响水利工程施工中的性能以及安装效果的作用。混凝土浇筑过程中，要确保模板工程的支撑部分能起到支护模板的作用，同时保证准确的模板安装位置，最重要的是承受住相应的内外力荷载，以确保混凝土浇筑过程不会出现降低浇筑强度而导致工程质量下滑的恶劣影响。

（三）施工结束后的拆除技术

随着水利工程技术与模板工程技术的不断发展，模板拆除的相关技术也有着一定的发展成效。在对模板进行相关拆除时，需要确保侧模和混凝土强度已达到相关要求。为此，对于模板拆除工作的相关要求是在选择底模时，需要设计强度满足标准值八成左右方可进行拆除。经实践证明，在将模板拆除技术应用于实践时，施工人员要根据具体的实际情况，将模板进行全面、同步的拆除工作，最大限度地避免模板掉落等模板损坏、损毁情况的发生，避免损失掉不必损失的人力物力。此外，还要在拆除过程中，对拆下的模板及时进行清理，针对相应模板进行一定的清理维护工作，确保更有效地重复利用模板。模板拆除技术在一定程度上提升了水利工程的工程质量，落实了水利工程中模板工程技术的应用水平，也有着一定现代循环利用的环保理念。

三、模板工程的相关材料

在水利工程中，与其他建筑工程的实际不同而需要模板材料具有更高的强度和刚性同时兼具一定的稳定性能。以达到相关的要求，确保在模板承受施工荷载时发生的变形仍在可控的安全范围内。而以模板的外观要求来说，主要就是保证表面的平滑性，确保其拼接过程中不会发生缝隙等质量问题。而模板的其他要求来看，需要将模板与施工中所选混凝土的特性相结合，当施工中要求混凝土技术较大时，相应的就要选择大型模板来施工，同时配以更好的刚性材料。在模板支护方面则要注重模板两侧的安装及防护，以此保障模板

的稳定性确保模板不会受到外力的影响，同时，在安装模板时也要对正确拆卸拥有一定认知。对于水利施工中模板工程来讲，对于刚性是有着严格的要求的，并且模板支护也要做好全面实际的分析调查工作。模板支护时要保证所固定基础面上的坚实度能够满足实际需求，一般还要根据施工过程的持续不断增加相应的支护板，以满足施工中的要求，符合有关质量问题的要求。

此外，在模板施工前要对模板中的杂物进行检查并予以相关处理，确保模板一定的洁净性。

综上所述，模板施工技术占据了水利工程施工中至关重要的地位，模板施工的质量直接影响了混凝土结构的质量，也即是工程质量。相关工作人员与管理人员应重视模板工程的价值，通过更多不同的有效举措保证模板工程技术更好的应用在水利工程中，以促进水利工程施工的相关质量与效率。

第六节　水利工程施工爆破技术

在水利工程施工中，通过利用爆破技术来为施工提供相应的空间，而且还能够用来采集石料和完成特殊作业任务。如在水利工程施工中，堤坝爆破。堤坝开渠、堤坝截流及水下爆破等施工中，通常都需要运用爆破施工技术。

一、水利工程施工用的爆破材料

（一）起爆炸药

起爆炸药是水利工程较为常用的爆破材料，其具有较高的爆炸威力和较高的化学稳定性。雷汞炸药、硝基重氮酚炸药都要吧作为起爆炸药。其中硝基重氮酚炸药具有较高的耐水性能，因此在水利施工起爆中较为常见。

（二）单质猛性炸药

单质猛性炸药是水利工程中较为常用的爆破材料，其中常用的成分为 TNT 及硝化甘油。这些物质不溶于水，因此可以用其在水下进行爆破作业，但这种爆破材在水利施工的地下爆破施工中不具有适用性。主要是由于 TNT 在爆破中会产生一氧化碳，因此不会单独使用，需要与硝酸铵等化学物质一同使用。

（三）混合猛性炸药

混合猛炸药在水利工程中也较为常用，这种爆破材料以硝酸铵脂类化学物质为主，可以在水下爆破施工，爆破材料敏感度不高，可以有效地提高其使用中的安全性能。在相同工作量基础上，利用混合猛性炸药，具有较强的经济性，因此在水利施工中应用最为广泛。

二、水利工程起爆方法

（一）火雷管起爆法

利用火雷管起爆时，通过运用点燃的导火索来达到起爆。这种起爆方法操作较为简单，而且成本较低，在当前一些小型、分散的浅孔及裸露的药包爆破中应用十分广泛。但利用火雷管起爆过程中，工人需要直接面对点炮，安全性较差，而且控制起爆顺序也不准确，很难达到预期的效果。在火雷管起爆法中，无法利用仪器来检查工作质量，出现瞎炮的可能性较大，因此，在一些重要及大型的爆破工程中不宜应用。在具体应用过程中，需要做好雷管保管工作，注意防潮及降低敏感度，导火索不宜受潮、浸油及折断，同时需要做好相应的保护措施。

（二）电雷管起爆法

利用电雷管通电起爆法来对爆炸包进行引爆，需要计算电爆网路，并采用串联、并联和混联三种方式进行电爆网络连接。这其中串联网路布置操作简单，所需要电流较小，而且电线消耗也少，能够提前对整个网络的导通情况进行检查，一个雷管出现故障后，整个网路就会断电拒爆。对于并联网路，其需要较大的电流，无法提前对每一个雷管的完好情况检查，即使某个雷管存在问题也不会有拒爆情况发生。混联有效的集中了串联和并联的优点，在一些规模较大及炮眼分布集中的爆破中应用更为适宜，而一些小规模的爆破多采用串联和并联的方法。

（三）导爆索起爆法

利用雷管来引爆导爆索，然后由导爆网路引爆炸药，在一些深孔和洞室爆破中进行应用。这其中可以利用火雷管和电雷管引爆导爆索，而且雷管聚能穴需要与传爆方向保持一致。采用并联或是并串联的方式联结导爆索网路，在有水和毁电的场合都可以进行使用，但这种起爆法价格较为昂贵。

三、水利工程施工中爆破技术的应用分析

（一）深孔台阶的爆破技术

深孔台阶的爆破技术指，孔径要大于 50mm，而孔深大于 5m，对多级台阶进行爆破。只有两个自由面及以上才能开展爆破，而多排炮孔之间可以毫秒延期进行爆破，爆破的方量比较大，破碎的效果好，而且振动的影响很小，在我国水利工程中应用广泛。

（二）预裂和光面的爆破技术

预裂爆破是沿着设计和开挖线，打密集孔安装少量的炸药，预先完成爆破缝，以防止爆破区导致岩体破坏的技术。光面爆破是在开挖线布置一些间距小，平行的炮孔，进行少

量装药，同时起爆。在隧道中的爆破，设计线内岩石不使线外围岩受到破坏，围岩面可以留下清晰孔痕，保持断面成形的规整和围岩的稳定性。

（三）围堰爆破的拆除

我国一些大型的水利工程，在建设中需要遇到很多需要拆除的一些临时性的建筑。典型的代表就是围堰爆破拆除，可以利用围堰顶面和非临水面开始钻爆作业。而爆破要求要做到一次爆通成型，才能实现泄水与进水的要求，还要保证周围已建成建筑不受到损害。

（四）定向爆破进行筑坝

定向爆破进行筑坝是高效的开发水资源的施工方法。这种施工方法具有一定的优势，一般不需要使用大型的机械设备，对施工的道路要求也不高，而采石、运输和填筑都可以一起完成，有效地节省劳动力与资金的投入，施工进度很快。

（五）岩塞的爆破技术

岩塞爆破属于水下爆破，目的是引水和放空水库，可以修通到水库的引水洞与放空洞。工程完成后，可以把岩塞炸掉，使洞和库及湖连通在一起。水下岩塞的爆破可以不受到库水位的影响，也不会受到季节限制，还能省去围堰工程，施工周期短，效果好，资金投入低。而且水库运行和施工之间不会受到干扰。我国的岩塞爆破已丰满水库的规模最大。

（六）隧道掘进的爆破技术

水利工程建设中地下工程开挖是非常重要的一项内容，通过隧道掘进钻爆方法能够与不同地质条件相适应，而且成本较低，在一些坚硬的岩石隧洞和破碎的岩石隧洞中具有较好的适用性。由于爆破开挖作为施工的第一道工序，会对后续工序和施工进度带来较大的影响，因此需要掌握隧道掘进爆破施工技术要点，以此来确保达到较好的爆破效果。

四、瞎炮处理

未能爆炸的药包称为瞎炮，为避免瞎炮，需要做好预防工作，应认真检查爆破器材的有效期，选择可靠安全的起爆网路，小心铺设网路，起爆前应全面检查网路和电源，发现瞎炮立即设置明显标志，由炮工进场当班处理。具体做法有：检查雷管电阻正常，需要重新接线引爆；证实炸药失效，敏感度不高，可将炮泥掏出，在装起爆药引爆；散装粉末状炸药可以用水冲洗，冲出炸药等。严禁用镐刨处理瞎炮，不许从炮眼中取出原放置的引药或从引药中拽出电雷管，不准用打眼的方法往外掏，也不准用压风吹这些炮眼，不得将炮眼残底继续加深，因为以上这些做法都有可能引起爆炸。处理瞎炮后，放炮员要详细检查炸落的煤、矸，收集没有爆炸的电雷管，交回爆炸材料库。

在水利工程施工过程中，通过掌握爆破施工技术，可以确保水利工程施工的顺利开展。而且在水利工程施工中应用爆破施工技术，可以全面保证水利工程施工进度提速和施工质量。当前水利工程施工中爆破工程技术应用十分广泛，在具体应用中需要从设计和施工方面严格要求，全面提高爆破水平和操作水平，确保爆破工程技术能够在水利工程施工中发挥出更大的作用。

第七节 水利工程施工中堤坝防渗加固技术

水利工程项目的相关建设中，堤坝的防水性能和结构稳定性能否达到既定标准，直接决定了整个水利工程的施工质量。堤坝的施工在整个水利水电工程中，都是至关重要的，也是整个工程项目的基础和前提。影响其施工质量的客观因素种类较多，而堤坝的施工所涉及的技术也较为繁多，为施工质量的控制增加了难度。为了保障水利工程项目的安全性，确保在后期使用中能够发挥出最佳的效用，相关施工人员应当重视堤坝的防渗加固技术，制定合理的施工方案，使这一技术能够在水利工程建设中达到最佳效果，从而有效地提升水利建筑的工程质量。

一、堤坝防渗加固在水利工程施工中的重要性

随着我国科技水平的发展，水利工程建设等基础建筑行业越来越受到重视。然而，由于技术水平和管理手段在行业实际发展过程中还不够完善，使得我国许多已经完工的水利工程在投入使用之后，才发现存在安全隐患，不仅影响该建筑的正常使用，还威胁到社会财产安全以及人民的生命安全。

在水利工程施工时，渗透破坏是堤防工程中的常见问题，堤坝容易受到水流侵蚀而出现渗漏，长此以往甚至还会产生逐渐坍塌的现象。对堤坝产生的破坏，直接影响整个水利工程的运作，同时还会对周边的生态体系、居住环境、社会安全造成严重影响。因此堤坝防渗加固在堤防施工中应作为施工的重中之重，一旦在施工过程中发生渗透破坏，应遵循前堵、中截、后排的原则，结合工程实际对堤身、堤基防渗加固方法进行分析，并采用合理、科学的防治加固措施，充分保证堤防工程的安全性。

二、水利工程施工中堤坝防渗加固技术的合理使用

（一）施工方案的合理规划

在水利项目的施工中，将堤坝防渗加固技术应用进来，主要是为了提升整个工程项目的建筑质量，增强其安全性能，减少安全事故发生的概率，同时对整个工程的结构进行系统、完整的优化。施工方案的制定是整个工程开始的前提和基础，因此这一环节无疑是至关重要的，要求设计人员必须充分了解整个工程的周边环境和预算、用途等情况。并对这些数据统筹分析，与施工的目的结合起来，寻找其中的平衡点，制定最佳的施工方案，为具体的施工提供指导和依据。

（二）堤坝防渗加固技术应用时需要遵循的原则

由于水利工程项目的特殊性，尤其是公共基础性质比较强，与人们的社会生产生活息息相关，因此必须遵循既定原则，通过有序的施工确保其质量。首先，在进行堤坝部分施工时，随着社会发展的变化，必须收集更多的有用信息，特别是要对周边地域环境进行周密的调查和考察，为设计方案的制定提供数据。同时，在选择堤坝防渗加固技术时，需要考虑到工程的实际用途，以及当前情况下的工程预算，从而根据成本的使用制定完善的管理措施，并在施工中加强监督与控制。此外，根据工程的实施进度，应当安排周期性的质量管理与检测工作，以确保每一个环节的施工都不存在纰漏，确保整体质量达到要求。

（三）堤坝防渗加固常用技术

1. 速凝式低压灌浆技术

这种技术主要适用于水位较高的情况，需要施工人员充分了解水流上涌位置的分布以及地质情况，选择恰当的位置进行钻孔施工，将具有凝固作用的填充物质注入其中。从而控制水流的速度，增加阻力，最终阻挡水流侵蚀。但是，这种方法适用范围较小，操作起来不够便捷，还需要进一步改进。

2. 帷幕灌浆技术

这一技术是否可以采用，需要结合平行面上堤坝所呈现出来的曲直程度来决定。它的优势在于操作比较便捷，能够选用质量较轻的钻孔工具，同时在位置的选择上也比较灵活，可以根据实际情况的变动来进行合理的调整，而不会影响最终的施工效果。这种方法因其明显的优越性而备受青睐，在我国现阶段的水利工程施工中，是一种比较常见的堤坝防渗加固技术。

3. 灌浆加固法

这种方法在堤坝施工的灌浆和堆砌阶段使用最为广泛，通过填补堤坝表面存在的细小空隙，增加其结构稳定性，使其更加牢固。在施工中使用该技术必须注意，要对压力作用的面积和频率采取严格的控制方案，以防过度加压造成堤坝出现变形情况。

4. 混凝土防渗墙的使用

就现阶段我国水利工程堤坝施工的技术水平来看，采取额外的防范措施是十分必要的。混凝土防渗墙的存在就是为了设置双重保护，进一步减少水流对堤坝的侵蚀和冲击，减缓施工阶段堤坝所需要承受的压力和外界环境因素所造成的影响，保证其安全性能，确保在施工阶段堤坝的质量不会影响到整个工程的顺利进行。

综上所述，堤坝的施工在水利工程建设中，有着十分关键的作用，也是整个工程备受关注的一个重点环节。近年来，堤坝的防渗加固越来越受到重视，在施工中应用较为先进的技术取得了显著成果。在具体的施工过程中，施工单位应根据实际情况，谨慎选择适用的防渗加固技术，不放过每一个环节，严格把关堤坝施工的质量，以确保整个水利工程施工的安全性。

第八节　水利工程施工的软土地基处理技术

水利工程在施工建设中展现出了重要地位，这些工程往往实施软土地基之上。在这其中，软土地基的施工技术会和水利工程施工质量相挂钩。软土地基会拥有很大的空隙，展现出较高的含水量就降低了承载力。因此，对软土地基进行有效处理迫在眉睫。软土地基有一定的危害性，这对于水利工程的施工产生了一定的影响和阻碍。因此，水利工程施工的过程中就应该合理运用软土地基处理技术，让工程顺利和稳定地开展。

一、软土地基概述

（一）软土地基的定义

水利工程和民生社稷存在很大的关联，在进行选点的过程中往往是在河、海岸边湿度比较高的地方。通常是以软土地基为基础，其中涵盖了比较多的黏土、粉土和松软土。同时，也拥有一定的细微颗粒有机土，泥炭和松散的砂石也是其中的一部分。软土地基并没有良好的稳定性，内部有比较大的空隙。如果接触了水分的侵蚀，就会出现土质下降的问题。在进行水利工程建设的过程中，对软土地基，就应该进行长时间的排水准备，让地基得到固结处理。

（二）软土地基的特征

第一，低透水。软土地基往往是由淤泥质黏性土构成，这样的地基性质并不能在渗水层面有很大的效果。在开展施工之前，要对软土地基进行处理，主要是从排水性能层面出发，其中经常受到关注的便是排水固结方法。在进行软土地基排水的过程中，往往要涉及很大的精力，地基在沉降上会花费比较多的时间。

第二，高压缩。软土地基自身并没有较强的强度。这样，就会有一定的压缩空间。在增加工程的质量时，软土地基就会受到工程的影响，受到一定的压力。压力的大小和塌陷之间是处于正比的关系。在其中有一个临界值，那就是在压力超过 0.1MPa 的时候，软土地基就会发生变形，严重的可能会出现塌陷的问题。

第三，沉降速度快。通常情况下，我们从建筑的地面层面着手。如果地面建筑高，就会加剧软土地基的沉降速度。在相同的软土地基条件下，工程的总体质量就会出现很大的沉降。

第四，拥有不均匀的特点。一般来说，软土地基在密度上存在很大的不同。同时，还会涉及不同强度的土质。在软土地基接受不同力度的时候，地面建筑的作用导致地面建筑出现裂缝的问题。在长时间压力下，就会出现坍塌的问题。

二、影响软土地基处理技术选择的因素

影响软土地基处理技术选择的因素有很多，如果在进行处理技术选择的过程中，没有关注其中涉及的影响因素，就会对水利工程的质量产生很大影响。由此，下面着重从工艺、施工周期、工程质量和环境层面分析，具体如下：

（一）工艺性的选择

在水利工程施工的过程中，往往涉及了比较多的施工工艺。但是，其中的质量标准是从工程的等级上确定的。比如，国家级的水利工程施工和地方性的水利工程施工在材料、工艺和质量的要求上就存在很大的差别。因此，在针对工艺选择上，就应该着重关注工程的成本，还要考察施工的具体环境等内容。

（二）工程质量要求

通常情况下，工程的具体用途和建设的等级存在差异，就会对水利工程质量标准产生一定的影响，并展现出不同。所以，在水利工程施工运行的过程中，应注意，并不是软土地基在处理上越完美越好，还应该注意工程的质量和造价等层面的内容。

（三）工程工期要求

在水利工程施工建设的过程中，比较重要的一个事项就是建设工期。要对施工的建设时间进行重点把控，不能因为过短或者过长的工期而影响工程的整体质量。因此，在实际开展施工的过程中，就要积极关注水利工程的工期要求。在此，应该对工程的各个阶段时间进行合理安排，从整体上保证工程的时间符合要求。在进行软土地基处理技术选择的过程中，就要十分依赖整个水利工程的工期。

三、水利工程施工中软土地基处理技术

在水利工程开展施工的过程中，就应该针对软土地基实行针对性的处理技术。在其中要关注土质的硬度和强度，对材料进行重点选择。通常，水利工程施工中软土地基处理技术涉及了排水砂垫层技术、换填垫层处理技术、化学固结处理技术和物理旋喷处理技术。下面对水利工程施工所运用的处理技术进行一一阐释，具体如下：

（一）排水砂垫层技术

排水砂垫层主要是把其中的一层砂垫层铺设在软土地基的底部。在进行该工作环节的过程中，就应该要求砂垫层有较高的渗水性，让排水的面积变得越来越大，拥有十分广泛的领域。在填土的数量逐渐增加的情况下，软土地基上就会拥有比较大的负荷，水分也会逐渐流走，并经过砂垫层。在此背景下，软土地基就需要进行不断的加固，以此和工程建筑的标准和设计要求相吻合。为了让砂垫层更好地进行渗水，就应该让砂垫层上面拥有隔水性能比较好的黏土性。在此模式下，地下水就不会出现反渗水的现象。垫砂层在进行材

料选择的过程中，就应该从强度大和缝隙大的透水材料层面着手，其中具有代表性的就是鹅卵石和粗砂等。在排水砂垫层之中，经常是运用具有大量水分的淤泥性质的黏性土，还有泥炭等。这样，在排水的过程中，就会让土质的压缩性得到减小。

（二）换填垫层处理技术

换填垫层主要是通过机械设备对浅层范围内的软土层进行挖掘和整合，转变为具有较高强度和较高稳定性的矿渣和碎石等材料。要实行分层务实和振动的措施，让地基的承载能力和抗变性得到全方位的提升。在具体开展施工的过程中，就应该对底层材料进行优质选择，要保持谨慎的态度，并关注高强度和小压缩性。在发现空隙的时候，就应该运用透水性能比较好的材料进行排水。这样，软土地基在凝结上会上升到一定的空间。在针对浅层地基进行处理的过程中，着重关注低洼地域和淤泥质土的回填处理。这个时候就可以运用换填垫层处理技术。一般情况下，换填垫层在进行处理的过程中，为了避免出现低温冻涨，让固结处理得到进一步加快的背景下，就应该在填土层面空留一些缝隙。针对具体的空隙进行排水。在技术实际运行的过程中，就应该科学合理地选择施工材料，要让材料拥有较高的硬度。其中，最为合适的材料便是沙砾、碎石和粗砂。

（三）化学固结处理技术

对化学固结处理技术进行全方位阐释，其主要涵盖了灌浆法、水泥土搅拌、高压注浆三种形式。对这三种形式进行分析，都是把固化剂和软土黏合在一起。这样，就会让深层的软土拥有较高的硬度。最终，在提高软土地基的硬度和强度的情况下，让工程质量得到保证。灌浆往往是从土体的裂缝出发，在其中灌入水泥浆。在其中借助土体物理力学性质，对其结构进行转变，并实现固结。通过这样的手段，就会让地基的陷入程度减少，地基的承载能力在很大程度上得到了提高。这样的处理技术，特别适用于含水量比较高的地基，这也使其具备较强防渗漏的作用。水泥土的搅拌处理技术，往往涉及了五米左右的加固深度，在进行实际使用的过程中应该对土质开展强度的验证。这样，才会确定出合适的水泥掺和量。该技术适合那些含水比较多和厚度比较大的软土地基。在进行化学固结处理技术实行的过程中，施工方应该对地基和水泥之间会产生的化学反应进行重点分析和把握，在制定出有效的管理举措下，能够让地基固化速度逐渐提升。

（四）物理旋喷处理技术

在软土地基处理技术运用的过程中，其中具有代表性和经常运用的一种技术就是物理旋喷处理技术。该技术运用的过程中，能够在注浆管自软土拥有一定深度进行缓慢上升的同时，实行高速旋喷模式，能够通过混合加固喷射的形式，展现出完美的喷桩。在此，就可以让地基进行扭动，软土地基拥有较强的强度。在实行该处理技术的过程中，要适当运用。比如，针对那些有机质成分较高的地基就不宜运用这种技术，针对有机质成分非常高的土层中是禁止运用该技术的。

综上所述，在当前我国水利工程软土地基处理的时候往往暗藏了一定的问题。众多问题的影响会对水利工程的周期产生很大的阻碍，导致周期和实际工程标准相背离。由此，要对软土地基进行进一步的了解，关注其中涉及的软土处理技术。在具体施工的过程中，就应该关注工程的具体情况，能够对造价成本进行重点控制，选择合理的处理技术。在对软土地基处理效果进行重点优化的情况下，保障水利工程的整体质量更加安全和科学。希望本节对水利工程施工中软土地基技术的分析，为水利工程的运行提供参考。

第九节　水利工程施工中土方填筑施工技术

在水利工程的具体施工过程中，涉及很多方面的施工技术，其中土方填筑施工技术有着很多方面的优势，对于整体的工程建筑都有着十分重要的作用，可以确保水利工程施工得到更有序地推进，确保整体工程的质量和性能。然而，同时也要着重看到，该项施工技术的工序比较复杂，所涉及的范围和内容十分广泛，对相关的流程和步骤都有着严格的要求。如果在具体的施工过程中没有按照相对应的施工要求严格操作，会造成十分严重的后果。从具体的操作流程和工序来看，主要是从清理场地起步，然后结合实际情况进一步加工填筑材料，最后用推土机把铺料进行相对应的平整，进一步对其进行震动碾压。其中每一个环节都要进行严格细致的把控，并对最后的结果进行认真检验，确保其质量合格之后才能投入应用。据此本节着重探究水利工程施工中土方填筑施工技术等相关内容。

一、水利工程施工中土方填筑施工的基本流程

在水利工程的具体施工过程中，有针对性的进行土方填筑，在具体的操作环节主要分成三大板块，分别是材料拌和、土方挖掘及混合材料填筑。有针对性地结合具体的施工计划，必须要在施工之前做好相对应的准备工作，进一步结合相关数据，有效划分各个填筑单元，划分完毕之后，要着重针对填筑单元实施相对应的测量和放样。与此同时，为了确保充分满足后期的建筑需求，要进一步平整土地，使地面的松土得到切实有效的清理，从根本上有效满足基面验收的具体标准。把所有的准备工作完成之后，要结合具体情况有针对性的测量各区段边线的具体数据，在这个过程中可以用撒白灰的方式进行标注。然后结合工程的需要进一步准备相对应的填筑料，并结合具体的施工内容和类别，选取更科学合理的填筑料，在事先做好放样的制定区域摊铺填筑料，同时要科学合理的控制和管理相应的厚度。摊铺之后，要碾压填注料，然后进一步加强其铺设的厚度。针对取样而言，要进行严格的检验，如果在检验的过程中发现某些不合格的问题，要进一步重复的碾压，同时要再一次的进行抽样检验，一直到检验合格之后才能推进下一阶段的填土层施工。

二、在水利工程土方填筑施工过程中的注意事项

水利工程中的土方填土施工，在具体的施工中，相对来说施工程序十分复杂，所以必须着重把握其注意事项。它的施工质量和整体工程有着至关重要的紧密联系，在具体的施工过程中要严格把关，从根本上有效贯彻落实相关方面的基本原则，有效遵循土方填土中所涉及的三个大的基本原则，分别是就近取料、挖填结合、均匀施工等。土方填筑具体的施工环节，一定受到很多方面的因素影响，特别是客观环境的影响程度比较大，所以要有针对性的结合施工现场的具体情况以及施工材料等相关因素，进一步科学合理的规划好出料场的位置，真正意义上有效执行就近取料的原则。而挖填结合不要指的是在施工的前期，要根据工程的具体规划和设计内容，针对施工的相关环节和因素都要进行全面深入的考察，并着重针对工程土方、填筑总量、施工质量等一系列相关情况进行详细深入的测量和计算。在具体的水利工程填土施工环节，同时要有效贯彻落实均匀施工的基本原则，在有效利用装卸车把材料运输到施工场地之后，再采用进占倒退铺土法把填筑料卸到土层路面上。之后再结合实际情况选用推土机对其进行平整和铺设，同时严格细致的检验碾压的宽度，从根本上有效确保满足既定的碾压要求，然后再预留出超出设计线 20 ～ 30cm。有效利用人工和机器密切配合的方式，在最大程度上降低人力的劳动强度，以此确保筑土料和填筑料的硬度。

三、水利工程施工中土方填筑施工技术的施工要点

（一）在施工之前所进行的准备工作

施工前期的准备工作与整体水利工程的质量和性能以及工程造价和进度等都有着至关重要的紧密联系，切实有效的着重做好施工准备，能够有效确保整体的施工过程更有章可循，有法可依，使相关的操作更有针对性和高效性。针对土方填筑的前期准备工作来说，要结合实际情况更有效地进行相关方面的碾压试验以及涂料的试验等工作，并着重做好人员安排，选用更科学合理的材料，并配备相对应的施工机器等等。与此同时，在整体的土方填筑施工环节，要着重针对基面进行切实有效的清理，同时要确保边界得到更有效的控制，确保整体的基面能够保持清洁。土方填筑之前所涉及的准备工作，还包括铺料方式、铺料厚度、碾压遍数、铺料的含水量等一些相关情况的预测和规划，通过这样的方法为后续的填筑施工提供更有针对性的施工技术参数，确保各项工作能够更有条不紊地推进。

（二）水利工程中的土方填筑

在具体工作的推进过程中，要着重根据施工方案和施工现场的地形结构等情况进一步实施土方填筑工作，同时要进一步有效实施摊铺、平料、压实、质检、处理等相关方面的具体操作。在填筑过程中，针对物料的填筑而言，要有针对性的选用自卸汽车进行运输装

卸，用推土机平土，压实。在具体的施工环节要贯彻落实从上到下逐层填筑的基本原则，确保每一层的施工面理论厚度不超过30cm。然而也要进一步地结合具体的地形地貌以及施工现场的气候条件等一系列相关因素进行综合性的衡量，具体的铺设厚度要有针对性的结合施工前期所进行的碾压实验，来针对厚度进一步有效增减。在平料的过程中，要着重针对施工细节进行科学合理的把控，在最大程度上规避大型施工机具靠近岸墙碾压，从根本上杜绝挡土墙某种程度上出现位移或者沉降的问题。在实际的施工过程中，相关工作完成之后，要对其进行及时有效的检验和审核，从根本上保证其不出现沟渠等问题，进一步确保地面的平整程度。如果在某种程度上出现一定问题，要及时有效的对其进行修正，可以有效通过液压的反铲实施削坡，在稳定平整挂线之后利用人工的方式，对其进行有针对性的调整和修理，使其能够真正意义上与工程的质量标准高度吻合。

（三）水利工程中的路基填筑

在水利工程的土方填筑过程中，路基的填筑是其中至关重要的组成部分，它也是整体工程的基础所在。水利工程的路基填筑要进一步进行实验和测量，有针对性地严格按照相应的规范流程和实验结果，进一步参考后期的参数依据，推进各项工作顺利开展。在试验完毕之后，要进一步明确施工过程中的相关数据，然后有效利用反铲的现场拌和的方式，在每隔10m的地方设置相对应的中边柱，同时结合具体的施工数据，进行更精准有效的测量。在基面对杂物进行清理合格之后，要进一步水泥回填，在这个过程中要确保水泥料的压实度和湿度都与相关要求高度吻合，以此保证整体工程的施工质量。

总而言之，通过上文的分析，我们能够很明显地看出，水利工程施工过程中所涉及的土方填筑施工技术有着至关重要的作用，它与水利工程的整体质量和工程造价，施工进度等有着紧密联系。在当前水利工程事业不断飞速发展的同时，土方填筑技术使工程的性能得到进一步增强，确保水利工程能够创造更大的效益。

第四章　水利工程建设项目施工管理

第一节　水利工程施工管理的现状

　　随着近些年来我国社会经济的飞速发展，人民的生活质量逐步提升，对能源的需求也在与日俱增。水利工程作为我国社会基础设施工程之一，占据着举足轻重的地位，水利工程不仅可以有效地调节我国水资源，提升水资源的利用效率，还可以完成防洪、抗旱等职能，满足社会各界发展对能源的需求。但是我国水利工程施工管理体系，发展至今尚不完善，仍存在着诸多问题需要改善，这些问题都制约着我国水利工程的发展。因此，本节通过大量的数据调查，针对水利工程施工管理体系存在的问题展开分析，并提出相应的解决对策，希望能为我国水利工程施工管理的发展指明方向。

　　水利工程作为我国基础社会工程的重要组成部分，水利工程施工质量直接影响着城市的发展。例如水利工程不仅可以发电，满足城市对电能的需求，还可以增强对水资源的利用效率。我国水利工程施工管理，发展的时间较为短暂，虽然已经取得了举世瞩目的成就，但是仍然存在着些许问题。传统的管理体系虽然是经过一代又一代水利工程工作者的积累形成的值得积累和借鉴，但是已经无法解决随时代发展而出现的新型技术问题，因此建立起完善的管理体系迫在眉睫。

一、水利工程施工管理的重要性

　　针对水利工程进行施工管理可以有效地提供效率，水利工程无一不是一个施工周期较长的项目。科学规范的施工管理可以发挥施工器械的劳动力，使得每一个施工环节都处在合理的管理范围内，这样，无论是施工之前的准备工作，还是竣工之后的交接，都能有条不紊地进行，另外进行施工管理还可以使施工建设过程处于稳定状态下，减少施工运行成本。避免对材料与能源造成浪费，为我国可持续性发展打下坚实的基础。

二、现存的问题

（一）观念和模式老旧

　　由于传统的管理体系和模式过于陈旧，无法满足现如今水利工程建设施工的需求。管理观念上也采用着传统的管理方式，使得水利工程施工的效率一直停滞不前，无论是施工工作者的劳动效率还是施工器械的应用效率，都没有最大化的发挥。

首先是人们内心的一种观念的错误，水资源一直是人们心中无偿应用的资源，所以在水资源的利用效率方面已知较为低下。我国虽然国土辽阔地大物博，但是人均水资源处于世界倒数之列，因此要转变人们这一思想。另外，我国是一个农业出口大国，政府的相关部门更偏向农业的发展，对水的价格存在着限制。最后还存在着某些地方政府为了平摊收支，将某些社会基础工程建设费用算在水利工程部门身上。

（二）工程立项不科学

在水利工程兴建之前，立项是最为重要的工作。立项的科学性直接决定了工程建设，和后期的施工管理能否有序地进行，但是立项包括了方方面面的工作，涉及的领域十分复杂。首先，在立项之前，要针对施工环境进行细致的调查，确保当地符合工程需求，而且工程立项过程中要考虑到环境保护社会经济效益以及当地水资源等多方面的情况，立项不科学，使水利工程成了地方政府的形式性工程。

（三）施工管理存在的问题

施工管理体系不完善，没有配套的监督管理体制，使得工程施工过程中极有可能造成材料的过度浪费或者是某些贪污现象的发生。施工管理人员缺乏必要的专业技能，和理论知识储备，无法根据管理体系进行工作的开展，使得整个监督管理队伍缺少必要的能动性，这些问题都是直接制约着施工管理体系完善的重要问题。

（四）施工环境艰苦对工作人员要求高

我国大部分的水利工程，新建的位置都属于城郊地界，再加上某些地区的特殊地貌，直接导致了施工环境异常艰苦，这就需要从管理到施工人员必须有丰富的应变经验，和较高的专业技能。施工工艺方面需要根据实际的地形、地质、环境、天气等具体情况改变，确保在艰苦的作业环境中工程质量得到最大的保障。

三、相关改革建议

（一）改进管理观念

为了确保水利工程施工管理的有效进行，就必须革新观念。对旧有的管理观念进行并处，结合时代发展的形势以及水利工程的社会意义，重视水利工程兴建的每个过程与缓解。使得施工过程的每一个环节都处在有效的管理体系的控制范围之内，只有让顺应水利工程发展需求这一观念深入人心，才可以推动水利工程施工管理的有效发展。

（二）建立完善的立项管理

立项的审批和各个流程都要进行严格的把控，结合工程的实际情况进行仔细的研究，确保立项科学规范。某些无法实现社会效益或者是满足人们生活需求的水利工程项目要及时地驳回，只有这样才能从根源上杜绝面子工程的兴建，避免人力物力的浪费。工程立项通过之后，相关部门也可以派遣专业的调查小组，确定工程的真实性和科学性。

（三）提高管理水平，建立监督机制

首先，建立起完善的管理机制，在兴建的过程中将责任落实到人，事先签订严密的合同避免某些管理人员忽视工作意义，侵吞国家公有资产。还可以建立起完善的监督机制，确保每一份材料和设备的应用都处于监督机制的管理范围内。施工管理要以预防为主，将安全隐患消除于未然。但是一旦出现安全问题，第一时间做出反应，将安全事故的损害降到最低。

对于已投入的水利工程或是建设过程当中的水利工程项目，为了保证其最佳的运行状态则需要水利工程管理者对水利工程施工做好管理，从而将水利工程的潜能开发出来。结合施工工程的时间过程当中所遇到的某些问题，而在出现问题的第一阶段，我们则需要采取科学手段对其进行处理，从而保障水利工程的实际运营过程当中其潜能能够被充分开发出来。为保障各个水利工程顺利完成，管理人员需要对水利工程的各个阶段进行严密监控。因而才能够提高水利工程的质量以及工作效率。

第二节　水利工程施工管理的质量控制

随着我国经济的快速发展，各项基本建设不断增加，全面满足着社会发展与经济建设。在这样的时代背景下，水利工程也有了长足的发展，全国各地水利工程如雨后春笋涌现，并呈现了数量和规模的与日俱增趋势，全面为区域发展提供良好的保障。水利工程项目急速增加的前提下，需要全面保证质量，才能在今后的使用过程中，确保安全。人们对水利工程质量要求不断提升，全面创新技术能力，提高水利工程施工管理控制水平，是建筑企业亟待解决的主要问题。水利工程在农业生产、环境保护、抗洪救灾等方面起着重要的作用，其质量好坏，直接关系到我国第一产业灌溉，水利工程是国计民生工程，必须要全面确保质量，才能实现我国水利事业高品质发展。

水利工程主要是通过人工方式，对周围区域水资源做科学合理调配，并形成有效的管理。水资源在人类的发展中起到重要的作用，是生物离不开的自然资源，水是最基本的生命单位。但是，水资源受以环境、气候的影响，在空间上呈现分配不均的情况，为了全面保证水资源的平衡，则需要通过水利工程进行控制，充分发挥水资源的重要性，修筑相应水利工程能够对水资源进行全面的调蓄，使有限的水资源能够有序得到开发利用，为人类的发展提供强大保障。水利工程建设对人类的发展、生态的调整有着重要的意义，通过科学的水利工程设计与建设，能够改善周边环境、起到抗洪排洪、农业灌溉的重要作用。水利工程根据不同的功能，分为水力发电、农田水利、防洪防灾等不同的工程类型，功能不同，则对周边环境的影响也不同。通常，农田工程对周边和环境影响较小，对促进区域发

展有一定的作用。水力发电工程对环境的影响较大，处理不当，则会破坏周边的生态。水利工程实质就是人工制造，通过人类主观对自然环境的改造，达到利用的目的，对自然的改造具有双重性，有积极因素，也有消极影响。这就需要在建设时，进行全面的调研与设计，消除潜在危害，放大有利的一面，全面提高水利工程实效性，造福人民群众、为人民谋福利。

一、影响水利工程施工管理质量的主因

施工人员因素。水利工程建设质量受以各种因素的影响，最核心的因素还是人的因素，人在水利施工过程中，受到技术人员专业能力和职业素养的影响，对工程整体质量产生影响。也就是说，人的技术水平，会从侧面反映到质量上，只有全面强化管理，才能保证水利工程整体质量，促进经济建设与发展。水利工程建设管理至关重要，只有具备较高职业水平和道德素养，才能通过更加专业和人性化的管理，提升水利工程管理质量。水利工程管理需要从源头抓起，水利工程设计需要全面进行调研，要具备扎实的建筑设计基础，熟练掌握水利工程施工各环节，这样才能设计出符合环境发展的水利图纸。水利工程施工过程管理也关系到质量，要全面保证施工人员整体素质与技能，从各个方面管理好人员，确保水利工程建设优质高效。

施工材料因素。水利工程对施工材料的要求非常严格，只有使用符合标准的材料，才能保证工程质量。因此，对材料的管理是水利工程施工管理重要一环。施工材料选择与使用环节，需要把握好材料性能、参数、价格，还要控制好成本，要对材料的各个方面进行考量，采购招标也需要对多个材料供应厂家综合比对，选择优质的材料进行施工。材料进入现场后，还要做好检验，确保材料符合工程建设标准，要对进场材料做好清点、入库、登记、记录，避免出现数量不足，影响施工，也减少施工材料要浪费和损耗。

施工方案因素。水利工程建设，需要因地制宜，符合当地环境发展需求，施工方案要具有先进性、科学性、经济性和可行性，这样才能建设出科学的水利项目工程。方案设计不合理，就会影响到生态环境，更对以后的使用带来隐患。方案要全面满足特征需求，可行性不足，就会带来损失，经济性不足，就会减少收益。水利工程施工方案需要跟上时代发展，符合现阶段新科学技术水平能力，这样才能提升水利工程价值，发挥最大的作用。

施工环境因素。水利工程施工建设的环境较复杂，要想全面保证施工质量，则需要掌握当地的地理环境、地质条件、水文状况等，这样才能保证水利工程质量。水利工程施工流程多、环节多，不同的环节对施工环境也有不同的要求，只有在适合的环境下进行施工，才能保证工期、提高质量。要对施工环境进行全面把握，为施工营造良好的环境，确保环境适应性、协调性。

二、水利工程施工管理质量控制对策

提高管理人员素质。要不断提升管理人员、施工人员、技术人员的整体素质，严格施

工资质管理，避免无证上岗，施工单位需要进一步做好业务培训，从根本上解决能力不足、技能落后的问题。要发挥各岗位人员的主观能动性，让相关人员能够积极主动投身到水利工程施工管理中，从根本上控制好人的因素，保证工程建设质量。水利工程建筑对技术要求非常高，和其他建筑项目比，具有工程量大、投资额高、工期较长的特点。那么，就需要在整个流程中进行质量控制，要全面明确法人责任，通过建立长效管理机制，确保人员得到良好控制与管理，从人的因素上，解决好质量问题。

明确材料质量检测。材料是水利工程的基础，需要不断提高材料管理能力，加强对施工材料的控制。水利工程施工中，需要根据工程设计标准的不同，全面提出用料方案，按照标准，做好材料的检测与检验，保证材料符合工程设计要求。对施工材料检测检验的内容包括：质量、规格、型号、性能，要一一进行核准，确保施工材料达标，实现水利工程良好的成本控制，最大程度发挥材料作用。材料选择使用，要严格标准，与材料供应厂家进行长期合作，确保整体质量。

健全方案设计体系。施工设计方案需要有计划、有目的，根据不同的水利工程功能，有意识做好方案的设计，通过工程设计方案健全完善，确保设计方案符合功能要求。设计人员需要和技术、施工、造价等保持联系，听取各方面意见，不断完善设计方案，提高设计方案可行性、可靠性。

提升施工环境管理。水利工程施工建设，需要对环境做好控制，避免对环境造成破坏。要进一步做好环境管理，对不利于施工的环境进行改良。其中水利工程大坝施工是重点，如果出现水流聚集无法渗透的问题，就要进行导流，通过明渠、隧洞、涵洞、成孔等导流方式做好有效的环境改造，为水利工程施工营造良好环境。

新时期水利工程施工管理越来越重要，只有从人员、材料、设计、环境这四个方面入手，才能做好水利工程施工管理，不断强化水利工程质量，实现水资源合理改造和有效利用，推动经济快速发展。

第三节　基于阶段性的水利工程施工管理

在水利施工过程中，一套系统且科学合理的施工管理措施对整个施工项目的好坏起着决定性作用。作为整个工程比较重要的环节，施工管理中若是存在着一些问题，施工质量也会受到影响，就算工程竣工后投入使用，其中质量隐患也会随着时间的推移慢慢地浮现出来，影响人们安全用水和水利事业的发展。在水利工程管理过程中，管理人员应不断地丰富自己的专业知识，通过实践总结经验，在面对水利施工管理这项复杂且系统的工作时，能游刃有余，做到对其中的问题进行正确的分析且能提出合理的处理方法，严格控制施工要求，如期保质保量地完成水利工程的建设任务。

一、水利工程项目施工管理的主要特征

水利工程施工管理具有覆盖面广、涉及领域多、地区差异大的特点，由于受到地质条件或施工环境有较强差异性的影响，导致其施工管理也有明显的差异。正因这种差异性，从而使施工管理缺少统一的量化标准，其施工管理形式多种多样。而在一些地区，又有很多不可预见性，施工受到自然因素及人为因素的影响，导致水利工程施工管理具有较强的不确定性。

二、强化水利工程施工管理的重要性

近年来，我国水利工程建设项目不断增加，为社会生产生活做出了巨大贡献，发展势头良好且迅速。可是在发展前景良好的背景下，我国水利工程建设渐渐显现出很多阻碍其发展的不良因素。例如施工过程中没有严格按照行业标准进行，导致工程的整体水平和质量都不能达到标准要求。还有一些企业为了招揽生意，和其他企业进行不公正的破坏性竞争，在很大程度上影响了水利工程行业的良好发展。因此，相关企业应该让技术人员按照标准规定，严格规范员工生产行为，并对其进行日常管理工作，以避免出现影响工程进度和质量的细节问题。

三、对施工准备阶段进行技术管理

做好资金投入控制。在筹划评估阶段，工程投资的决策影响着工程的每项应用技术的经济适用指标以及在工程结束后所获取的经济效益。监理工程师在这一阶段的主要任务是按照客户的需求对工程的可行性进行评估，在技术、资金等方面进行科学合理的分配，减少不必要的浪费，坚守用最少的消耗给予最大的利益的建设原则。

施工前材料的准备。在施工前我们要对施工材料进行严格的把关，杜绝次品和劣质品的使用，我们应该聘请专业的技术人员，让他们对材料的性能和特点进行全面的分析，并对材料的使用标准进行明确。对施工材料还要寻求信誉良好有合格生产证的商家进行购买，这样才能达到双赢的目的，促进我国经济良好的发展。

相关管理制度的完善。完善水利工程质量控制管理体系是水利工程质量建设的重要依据。施工单位的管理层有义务和责任去动态的监测市场行情的变动，并对它进行列表分析，深入研究市场发展的走向，这样我们才能全面的制定相关的管理体系。在水利工程质量管理体系中我们还应该明确各部门的职责以及施工要求，并对施工中容易发生的问题做出相关的规定，比如材料浪费的合理范围的确定，超过浪费范围应有的惩罚措施。这样加强管理的力度，我们才能落实好水利工程质量管理制度，才有利于施工单位更好地进行管理和发展。

建立技术档案。技术档案涵盖水利工程实施、科研活动中形成的一切有价值的技术成果。不同于一般的资料，技术档案是技术管理、改进，以及竣工验收的基本依据。本水利工程施工准备期间为了方便后期工作，建立了技术档案，收集相关的技术成果信息，如施工组织设计、新技术和新工艺应用情况、现场签证、质量安全事故及分析、技术工作总结等，不能缺少任何一个方面内容。

四、施工阶段的管理

做好图纸的审核工作，控制造价。在整个项目过程中，要提高水利工程造价管理水平就必须要加强对设计图纸的把关。设计图纸对于整个造价估算来说十分重要，根据以往是经验来看，好的设计图纸能够严格把控造价，在整个过程中起到降低成本提高质量的效果。因此在设计过程中，设计师不仅需要有较强的设计基础还要有良好的分析结合能力。设计师需要根据目前市场所有的材料进行分析，选取适用于工程的材料，并根据材料的性能和特点来进行设计。这样的行为可以使得材料的成本降低，而且在质量上也能够得到保证。在设计图纸审核的时候，我们的监管人员必须要做好自己的本职工作，不能徇私舞弊，对图纸的审核具有科学性和公平性，选择优秀合适的合作对象，这也将会给整个工程带来巨大的经济利益。做好这些前期工作，我们才有充分的准备去迎接工程进行中产生的困难，才有利于整个水利工程事业的发展，为我国的经济做出自己的贡献。

优化施工技术方案。对施工技术方案及保障措施、技术组织等进行优化设计，并针对其中的问题提出合理化意见，使技术方案更完善。

遵守相关规程规范。严格遵守国家的相关法律法规，行业相关规程规范，按照建设标准、技术标准组织施工，确保施工设计落实到位，实现既定的技术管理和质量目标。

认真进行施工检查。对施工技术工艺实施、施工进度等进行周密的跟踪检查，提高施工质量。如，混凝土坝体、闸门等建筑物施工中，总工程师及相关负责人要全程跟踪旁站，要求施工人员按照技术交底内容进行施工。

做好相关资料记录工作。对施工检查、技术工艺检查、隐蔽工程检查等结果进行认真记录，为后期的技术分析和质量验收提供依据。记录工作要与技术工艺实施、工程进度一致，不能滞后于工程施工。

五、水利工程施工后的技术管理

做好施工后质量验收工作。在质量验收过程中，监理工程师必须遵守诚信之一基本职业道德，对检测仪器进行及时的校对，保证仪器的精准度。在检测时，按照标准进行每项程序的考核，不能放过一个小的纰漏。水利工程不同于其他项目工程，"千里之堤溃于蚁穴"，因此小的疏忽在若干年后可能会带来巨大的意外事故，只有做好验收工作才能提高水利工程的自身价值，不管在利益还是使用上都能得到保障。

全面地进行施工总结。对于水利工程的施工我们要在竣工后进行全面的总结，针对施工过程中产生的问题再一次的进行回顾，并对当时的解决方案进行记录，和施工单位中的各部门形成一个探讨小组，看是否能有更好的解决方案。在进行交流后，写写在施工过程中需要注意的地方以及自己的心得和体会，争取在下一次施工中能够更加得心应手。

相关管理人员要对水利工程施工中各阶段技术管理有全面认识，才能科学合理地安排工期，并对工程投资进行精确的计算，同时把握设计方案的合理性，严格控制造价。在质量上要进行严格检测、验收，在竣工后还要对施工进行总结，对其中问题的解决方案加以反思，争取不断优化解决方案。此外，水利工程管理还要兼顾全局，在细化管理局部时要协调好各部门之间的标准和关系，以确保工程施工质量。

第四节　加强水利工程施工管理的科学建议

水利工程建设在国家经济建设与发展中发挥着不可或缺的作用，而水利工程建设的重中之重就在于水利工程施工。所以，加强水利工程的施工管理，对于提高水利工程的施工质量，保障水利工程建设的科学发展具有重要的作用。本节从以下几个方面提出了加强水利工程施工管理的科学建议。

一、提高施工管理人员的整体素质

施工管理人员的素质不仅表现在专业水利工程施工知识与技术上，还表现在综合素质上。管理人员应掌握管理、经济、法律等相关性的知识，在管理过程中运用丰富的经验与知识进行有效的管理。管理人员的素质还体现在职业道德上，进一步提高管理人员的专业素养，在工作过程中认真负责，提高施工管理的水平。而在具体的管理中，首先应重视水利施工人员的素质，提高施工人员的施工水平，加强水利工程施工人员的技术培训，并明确施工人员的具体工作，进行专项培训，有目的、有计划地提高施工人员的专业素质。其次应健全水利工程管理制度，让各项责任落实到位，严格指出施工过程中的问题，奖罚分明，对于工作认真负责，高质量完成工作的施工人员给予一定的奖励，而对于施工过程中懈怠的工作的人员提出批评，由此建立起严格的奖惩制度，从而促进工程施工质量的提升。

二、提高施工管理人员的责任意识

在施工过程中强化管理人责任意识的培养，对于施工各环节中的安全隐患进行全方位的检查，并针对检查的问题，提出切实合理的解决方案，明确管理中的关键点及各项人员的责任，真正做到权责分明，提高施工人员及管理人员的责任意识。在项目的建设管理上应做好项目的落实工作，对于工程的质量进行严格把关，综合责任制的建设、监督控制的管理、以及监督体系保证项目的落实。从施工的各个环节入手，在设计、规范、施工等各环节中，做好质量的管理，建立施工管理的信息数据库，对项目的信息进行汇总并整理，为施工管理提供所需的各项资料。

三、加强工程管理，提高工程质量

加强工程管理是提高工程质量的基础保障，因为工程管理贯穿于水利工程建设的整个过程。在项目审批阶段，审批部门要严格把关，对不符合规定的水利工程建设项目要不予通过，在源头上确保水利工程建设项目的科学性以及合理性；在工程的设计资质审核环节，要严格按照国家的相关规定对设计单位的资质进行审核，审核部门要对设计成果进行严格鉴定方能使用；在工程招标阶段，要确保招标过程的公平、公正、公开，避免恶意竞争破坏招标秩序；在工程项目施工阶段，政府部门要加强对施工企业的监管，确保施工企业的施工原料、施工技术、施工工艺等符合国家质量标准。施工企业自身要加强技术资料管理，确保项目工程建设的每一个环节都有据可查。

四、强化合同管理

合同管理是水利工程建设管理的重要组成部分，合同管理的成败对工程项目建设具有直接的影响。在水利工程项目施工前，水利部门与施工单位签订承包合同，明确双方的权利与义务。而有些施工单位为了实现经济利益最大化，在施工过程中未能严格履行合同内容，存在偷工减料、以次充好的不法行为，给工程项目建设带来了较大的安全隐患。因此，水利部门必须要加强合同管理，督促施工单位严格履行合同义务，保证水利工程质量。此外，水利部门还要在农村大力宣传水利工程建设对农业生产的重要意义，提高农民自觉管理水利工程的意识，从而使广大农民积极参与到水利工程管理中来。

五、加强施工材料与设备的质量监控

在施工过程中，应按国家规定的要求对材料进行严格的把关，仔细地检查与验收，并通过现场的试验，对一些有特殊要求的材料加以全面检验，从根本上保证材料的合格性。在材料管理中还应对材料使用的各环节进行记录及管理，针对具体的收、发、储、运的环节予以管理，并且在防止不合格的材料进入现场的同时，还应加强材料的保管工作，防止材料的质量受到不良影响。在设备管理中，要根据具体的施工要求，选择合适的施工设备，增强施工设备选择的适用性，做好日常设备的管理维护工作，并且要定期检修各项设备，对于故障设备立即进行维修。

六、环境因素与成本因素的控制

因水利工程施工环境复杂，变化因素较多，所以在施工过程中应对环境因素予以控制。详细的来讲，在施工过程中要注重对周围环境的巡查，及时发现环境中存在的安全隐患，预防危险的发生。而在成本控制上，应当在保证工程的质量前提下，适当减少成本的投入，并且做好材料的回收利用管理，合理分配各项资源，通过整合资源来提高资源的利用率，以更好地达到成本控制的目的。

七、农田水利工程的科学规划

水利工程并非越多越好，对其进行科学合理的布置与规划不但可以节约建设成本，还能实现小型农田水利工程的最大价值。水利工程建设要严格按照审批规划，建设施工，交付使用的顺序进行。在进行项目建设之前，要进行实地的调查分析，对工程的选址以及布局进行科学的规划，确保小型农田水利工程项目与当地的实际需要相匹配，从而达到最佳的配置效果。在项目工程建设中要明确管理主体，避免工程建设过程中出现问题时相互推诿，找不到具体负责人。要建立科学有效的农村水利基础设施长效管护机制，确保水利工程建设和管理能够朝着健康的方向发展。

八、完善各环节管理规程

制度能够使工作有章可循，能够对人员进行约束，能够提升工作效能，对于建筑企业而言，其施工环节涉及数不胜数的管理细节。因此管理难度大，容易出现一系列问题，必须制定好相应的政策及一系列制度等，并着力推行实施，从而实现施工技术管理的规范化和顺畅化。在相关管理规程制定方面：要考虑其合理性，在制定规程之前必须进行充分的调研，找出以往施工管理过程中存在的问题，根据问题制定相应的办法，否则容易成纸上空文；要注重实用性，本着规程是为工作而服务的原则，从而发挥好规程的约束及指导作用；要考虑完备性，尽可能将可能出现的问题进行明确，以免出现制度盲区；要有赏罚，规程本身就是对执行者的一种约束，既然是约束就必须要有奖惩。

综上所述，如果要提高水利工程建设的质量，就要加强水利工程的施工管理。因此，水利工程施工管理人员只有不断创新管理的方法，提高自身的素质与管理水平，并加强工程的质量与安全的监管工作，才能万无一失地保障水利工程的施工质量。

第五节　水利水电工程项目监理中的合同管理

水利水电工程通常具有投资大、工期长、施工复杂等特点，施工监理单位作为受托对项目进行管理的机构，主要依据发、承包双方签订的施工合同对工程项目进行质量、进度、投资等控制，整个监理过程均应围绕合同管理为核心进行。然而，在实践中，监理机构通常以质量控制、进度控制和投资控制三条主线为核心目标开展现场监理工作，往往忽视最基本、最核心的合同管理工作。

监理过程中的施工合同管理是指监理单位作为独立的第三方，依照法律、法规及规章，以发、承包双方签订的施工合同为依据，对施工合同关系进行组织、指导、协调及监督，保护施工合同双方当事人的合法权益，处理施工合同的纠纷，防止和减少违约行为，保证工程项目按照合同约定贯彻实施的一系列活动。

合同管理贯穿工程建设的全过程，是指导工程参建各方开展工程建设活动的基础和指南。广义而言，工程项目的全部实施和管理工作都可以纳入合同管理的范畴。其中，质量、进度、投资"三控制"是合同管理的主要内容，但不是全部。形象地说，质量、进度、投资"三控制"为"线"，而合同管理为"面"，是工程项目监理工作的基础和核心。在工程施工监理过程中，重"线"而轻"面"，极易出现管理疏漏、失误，甚至损害合同当事人的合法权益，给合同当事人造成不必要的损失。

一、监理合同管理的重要性

施工合同是建设单位和施工单位签订的具有法律效力的重要文件，是建设工程的主要合同，是工程建设质量控制、进度控制、投资控制的主要依据，是明确发、承包双方在工程实施中的权利和义务，确定工期、质量目标及承包价格等的书面文件，在合同履行过程中对整个项目的实施起着总控制和总保证作用。因此，合同管理必然是工程监理工作的核心。可以说，离开合同就没有工程质量，也没有对进度与投资的管理。所以，建立以合同管理为核心的工程监理体系，是提高项目管理水平的重要途径。

二、监理合同管理的主要内容

按照时间顺序，监理过程中合同管理工作主要分为施工准备和施工实施两个阶段。

在施工准备阶段，监理单位应参与施工合同制订和谈判，并依据合同约定对开工前承包人的施工准备情况、质量保证体系、进场施工设备、试验室条件进行检查，审批施工组织设计等技术方案和施工图纸的核查与签发等。同时，还应熟悉监理合同和施工合同等工程建设有关文件，充分了解自身的权利和义务，严格按照合同文件处理和解决问题。

在施工实施阶段，监理单位的主要工作为质量、进度、投资控制，工程计量、计价、工程款支付审核。以及对工程施工过程中发生的各类违约、变更、索赔等进行审核处理，并组织工程验收、结算等工作。

三、对如何做好合同管理工作的几点看法

合同管理工作的好坏直接影响着投资、进度、质量控制，是建设工程监理方法体系中不可或缺的组成部分。监理单位要做好合同管理，应当注意以下几个方面的问题。

建立健全现场监理机构，配备相应合同管理人员。要做好现场监理工作，首要条件是建立和健全现场监理机构，除了根据工程实际情况足额配备相应的专业监理工程师外，还应配备具有相应法律知识、高素质的合同管理人员，同时建立和健全相关的规章制度。合同管理人员应当对建设工程合同实施登记、审查等监督管理。特别针对实施过程中出现的合同无台账的普遍问题，应加强改进，建立合同台账，并对台账进行定期的统计和检查。

积极参与施工招标文件编制和施工合同谈判。监理单位积极参与施工招标文件编制和施工合同谈判，对了解签订合同双方和合同内容都有好处，也为今后的合同管理奠定良好的基础，是掌握合同管理的最好办法。

施工招标应当具备的条件之一为监理单位已确定，因此，监理单位有条件也有义务参与工程施工招标和合同谈判活动。监理单位是具备相应资质，专业且有相应经验的单位，在前期积极参加招标文件编制和合同制订、谈判，尽可能减少合同内容错、漏，力求合同全面、准确、严密并具有可操作性。这样既有利于合同的执行，又有利于监理单位实施合同管理，更可进一步减少合同履行过程中纠纷和争端的发生。

增强法律和合同意识，熟悉和理解合同内容。根据有关规定，当合同内容与国家法律、法规相抵触时，应以法律和法规为准，即法律和法规效力高于合同。因此，增强监理人员的法律意识，学习并理解相关法律、法规，掌握法律、法规和合同之间的关系，是做好合同管理的基础。

熟悉掌握并充分理解合同条款，这是监理工程师开展合同管理工作的前提。如果对合同不熟悉或理解不够透彻往往会严重影响监理工作质量，甚至使监理工作陷入被动局面。因此，在现场监理机构成立后，应尽快组织监理人员认真学习、熟悉相关合同，充分了解合同双方的责任和义务，并认真分析合同内容风险，为全面开展监理工作做好充分的准备。

此外，由于施工合同涉及内容较多，无论合同制订得多么详细，都不可能全面预见和解决工程建设过程中出现的一切问题。在合同谈判、签订阶段难免会出现疏漏、错误、不完善或者容易产生歧义的地方。在合同执行过程中如发现上述问题，监理单位应及时提醒和告知合同双方，及时组织对存在的合同问题进行研究分析，并促成合同双方通过补充协议或会议纪要等形式予以完善和补充，尽量避免和减少日后出现不必要的争议和纠纷。

严格执行合同，督促和协调合同各方履行义务。监理与业主虽然是委托与被委托的关系，但其身份应为"独立、公正的第三方"。在监理活动中，监理单位应站在公正的立场，运用自己的专业知识与技能，科学地分析和处理施工中出现的问题，做到以法律为准绳、以合同为依据。根据监理合同赋予的权力，率先垂范、不偏不倚，在不违背国家法律、

法规和合同的基础上，独立、公正地提出处理意见和决定，严格按合同约定处理工程监理事务。

工程建设合同详细规定双方所承担的责任、权利和义务，明确了合同双方的法律和经济关系。在合同履行过程中，合同双方都有权利用合同来维护自己正当合理的经济利益。在合同双方发生纠纷和争端时，可以通过协商、调解、仲裁等方式解决，但无论采用何种方式，都必须以合同规定的有关条款为依据。监理单位在工程建设过程中，应起到沟通桥梁的作用，督促和协调合同各方严格依据合同履行各自应尽的义务。

及时、谨慎、正确处理变更、违约和索赔事项。由于水利水电工程施工工期长、地质情况复杂、施工条件多变，施工过程的动态规律必然会出现因设计调整、施工工序和方法改变、设备与材料价格波动等原因造成的一系列合同变更。合同项目变更往往会引起合同双方的争议，因此监理单位应特别慎重对待合同变更问题。在变更情况发生后，监理单位应及时对变更事项进行审核认定，并督促施工单位及时对变更项目进行申报，同时做好变更基础资料的收集准备工作，按照合同约定原则及时审核处理变更事项。避免因申报、审核超过时效，原始依据收集不足难以溯源等原因带来不必要的争议和造成各方损失。

违约和索赔处理是工程建设合同管理的重要内容之一。在工程建设中，合同双方的经济利益目标是不同的，业主单位希望尽可能用更省的投资完成工程建设，而施工单位则会利用一切机会尽可能获得更多的报酬。虽然在国内工程建设中发生的工程索赔行为并不多见，遇到索赔事宜，合同双方会首先考虑用友好协商的办法，采取弥补的方式解决。但是基于维护己方利益，当协商不成后，作为最后的减少风险损失的手段，也会采取索赔方式。当索赔事项发生时，监理单位应该认真对待，不回避、不推迟，严格按照合同约定条款，有理有据对索赔事项进行分析和判断，并及时做出审核意见。无论是发包方还是承包方的索赔，监理工程师都应该本着公平、公正、独立的原则予以处理。

加强监理队伍自身建设，不断提高业务水平。建设监理制已经成为工程建设基本制度，法律赋予了监理工程师对工程项目施工进行质量、进度和投资控制及合同管理的职责。同时，工程建设监理本身也是一种委托服务的合同关系，能否服务好工程建设，能否让施工合同双方都满意，除了有一个良好宽松的社会环境，还必须有规范和过硬的业务能力。否则监理单位难以在工程实施中树立威信，也难以让施工合同双方满意，更难以承担起法律赋予的建设监理的责任。因此，加强监理队伍自身建设必须从监理人员的思想素质、专业素质、道德水平等方面进行全方位培养和锻炼，这样才能够真正规范监理行为，才能管理好合同，服务好工程建设。

合同管理是监理的重要任务，是质量、进度、投资控制及其他管理工作的基础和核心。在工程监理过程中，监理单位应牢固树立合同的法制观念，加强建设工程项目的合同管理，严格按照合同约定，依法、依规、科学有序开展监理工作，这样才能确保工程在质量、进度、投资受控的情况下顺利实现工程项目的建设目标。

第六节 水利工程施工合同风险管理

水利工程施工合同是水利工程建设质量控制、进度控制、投资控制的主要依据，因此加强施工合同的风险防范具有十分重要的意义。本节通过对水利施工合同管理现状的分析，有针对性地提出了"三段式"合同风险防范措施及对策。可以为企业如何加强水利工程施工合同管理，防范和规避市场中的合同风险提供有益的借鉴与参考。

风险是指"未来在一定条件和一定时期内可能发生的结果同预期的偏离"。这种偏离一方面是由于人们对客观事物运作规律无法完全确定；另一方面是由于操纵和控制的动作过程失误，而出现的不必要的或预想不到的损失。风险具有客观性、普遍性、可变性、不确定性和可识别性等特点。当前建筑市场存在的问题，如工程质量问题、工程款拖欠问题、原材料价格问题等，都与合同履行不良有着密切的关系。许多业主利用建筑施工企业急于揽到工程任务的迫切心理，在签订合同时附加某些不平等条款，致使施工企业在承接工程初期就处于非常不利的地位，甚至陷入合同陷阱。合同是建筑施工企业一切风险的源头，如果合同"先天不足"，势必会造成工程项目实施中的被动。合同风险管理就是通过对风险的识别、衡量和控制，采取有效措施使合同风险所导致的各种损失降到最低限度的科学管理方法。

一、加强水利工程施工合同风险管理的意义

水利工程施工合同是建设单位与施工企业通过设定的条款，明确双方权利义务关系的特殊承揽合同，由于建筑市场实行的是先定价后成交的期货交易，其远期交割的特性决定了建筑行业的高风险性。同时，水利建筑工程具有规模大、工期长、材料设备消耗大、产品固定、施工生产流动性强、受自然和社会环境因素影响大等特点。加之目前建筑市场僧多粥少，承发包交易中发包人优势明显，承包人在交易中承担了过多的风险，这些都严重制约了施工企业的生长与发展。因此，如何加强企业施工合同管理，防范和规避市场中的合同风险，已成为每个水利施工企业的当务之急。

二、水利工程施工合同风险管理现状

（1）忽视合同中"质量成本"、"工期成本"的管理和控制。

"质量成本"是指为保证和提高工程质量而发生的一切必要费用，以及因未达到质量标准而蒙受的经济损失。"质量成本"分为内部故障成本（如返工、停工等引起的费用）、外部故障成本（如保修、索赔等引起的费用）、质量预防费用和质量检验费用等四类。长期以来，施工企业未能充分认识质量和成本之间的辩证统一关系，习惯于走两个极端。要

么过于强调工程质量，而对工程成本关心不够，造成工程质量虽然有了较大提高，但增加了质量成本，使经济效益不理想；要么片面追求经济效益，忽视质量要求，虽然就单项工程而言，利润指数可观，却因质量上不去，可能会增加因未达到质量标准而付出的额外成本，并且对企业信誉造成不良影响，导致成本增加。

"工期成本"是指为实现工期目标或合同工期而采取相应措施所发生的一切费用。工期目标是工程项目管理三大主要目标之一，施工企业能否实现合同工期是企业是否有效履约的关键，同时也是衡量企业综合实力的基本指标。工程项目都有其特定的工期要求，保证工期往往会引起成本的变化。有些施工企业对工期成本的重视不够，尤其是项目经理部虽然对工期有明确的要求，但对工期与成本的关系却很少深入研究，有时往往会盲目地赶工期抢进度，而造成工程成本的额外增加。

（2）对合同风险管理认识不到位，缺乏对主、客观合同风险的识别。

目前，部分水利施工企业对合同风险管理认识有误差，没有设立专门的风险管理机构，对主、客观合同风险识别不清晰，导致无法对合同进行有效的风险管理。

合同的客观风险是法律法规、合同条件以及国际惯例规定的，风险责任是合同双方回避的，通过人的主观努力往往无法控制。例如，合同规定承包商应承担的风险有：工程变更在1.5%的合同金额内，承包商得不到任何补偿，这叫做工程变更风险；又如固定总价合同规定不予调整差价，则承包商必须承担全部风险，如果在一定范围内调整差价，则承担部分风险，这就是市场价格风险；还有在索赔事件发生后的28天内，承包商必须提出索赔意向通知，否则索赔失效，这称为时效风险。

合同的主观性风险是人为因素引起的，同时能通过人为因素避免或控制的合同风险。在相当多的施工合同中，业主利用有利的竞争地位和起草合同条款的便利条件，在合同协议中通过苛刻的条件把风险隐含在合同条款中，让承包商就范。而承包商为了急于承揽工程，在合同协议中，对自身权利不敢据理力争，任其摆布。对合同谈判只重视价格和工期，对其他条款不予注意，即使不平等的合同也愿意签，甚至有欺骗的合同也敢签，在合同签订上表现出极大的盲目性和随意性。

三、水利工程施工合同风险防范及对策

（1）事前的风险防范。

投标报价时综合考虑各种风险，对风险采用一些相应的报价策略。首先，提高报价中的不可预见风险费用。风险大的合同，施工企业可提高报价中的风险附加费，以弥补风险发生所带来的部分损失；其次，采取一些报价策略平衡技巧，降低、避免或转移风险。例如修改设计方案、不平衡报价法、多方案报价等；第三，在招标文件允许的条件下，在投标中使用保留条款、附加或补充说明，这样可以给谈判和施工索赔留下伏笔；第四，某些存在致命风险的工程拒绝投标。

施工合同谈判前，承包人应设立专门的合同管理机构负责施工合同的审阅，并实施监督、管理，深入了解发包人的资信、经营作风和订立合同应当具备的相应条件。了解的主要内容包括：是否具有相应资质等级部门设计的施工图纸，是否有计划部门的立项文件及土地、规划、建设部门的许可手续，拆迁是否已到位，"三通一平"工作是否已完成等。并从侧面调查了解发包人资信情况，特别是该工程的资金到位率。

（2）事中的风险防范。

施工企业只有在对发包人详细了解后，认为可以承担这项工程时，才能进行合同实质性谈判。首先，认真研究投标工程的合同条款，在投标书满足投标文件实质性条款的前提下，尽可能做出有利的选择。尽可能采用建设工程合同《示范文本》，依据通用条款，结合协议书和专用条款，逐条与发包人谈判。由于部分发包人提供的非示范文本合同，往往条款不全、不具体、缺乏对业主的权利限制性条款和对承包商的保护性条款，因而要尽可能地修改完善。这种存在大量隐含风险的合同一旦签订，稍有不慎将导致施工单位的巨大损失。

其次，减少合同签订过程中的纰漏，采用施工合同洽谈权、审查权、批准权三权相对独立，相互制约的办法，力争签订一个有利的合同。在合同谈判中始终坚持"利益原则"，合利则动，背利则滞。缔约双方在法律上是平等的，况且授标即意味着发包方已完成合同的承诺，承包商有权签订一个平等互惠的合同。承包商可以尝试采取多种方式说服业主修订某些过于苛刻的或本来不合理的条件，增加保证承包商权益的条款，使合同双方责权利关系比较平衡，尽量减少苛刻的、单方面的约束性条款。总而言之，"利益原则"是承包商减少或转移合同风险所应坚持的最基本原则，弃之则无异于自杀。

（3）事后的风险防范。

由于施工合同管理贯穿于施工企业经营管理的各个环节，因而履行施工合同必然涉及企业各项管理工作，施工合同一经生效，企业的各个部门都要按照各自的职责，按施工合同规定行使权利，履行义务，保证施工合同的圆满实现，这就需要制定完善的合同管理制度。在整个施工合同履行过程中，对每一项工作，施工企业都要严格管理，妥善安排，记录清楚，手续齐全，否则会出现差错引起合同纠纷，给企业带来不应有的损失。

需引起重视的是，施工承包方在每一个项目工地上，都应自行做好工地日记，记录好每天的工作内容、气候及班组人工、机械设备等运作情况，养成积累证据的良好习惯。

（4）风险防范对策。

首先，对合同明确规定的一些风险，如报价计算、施工环境调查的正确性、实施方案的完备性和分包的风险等，在合同签订前就应采取技术、经济和组织措施加以防范。

其次，在合同履行过程中，合理进行索赔是转移风险的有效方法。在实际工程中，索赔是双向的，承包人可以向业主索赔，业主也可以向承包人索赔，但业主索赔处理比较方便。它可以通过扣拨工程款及时解决索赔问题，相反，承包人向业主索赔处理较为困难。承包人除了增强市场意识、法律意识、合同意识、管理意识、经济效益意识外，更关键的是要学会科学的索赔方法。值得注意的是，工期延误是发包方反索赔的一个重要筹码，有些项目关于工期的写法对承包方十分不利（比如说，明明有大暴雨，钢结构工程无法焊接施工，甲方却不给签证工期，施工单位的处境就会非常被动）。所以，在合同中对工期条款应尽可能修改得更合理、更详细。

最后，施工企业在承接工程任务后，及时与材料供应商签定材料供应合同，也可以有效地防止材料涨价给施工企业带来的损失。选择有实力、有经验的分包商，也是转移风险的有效办法。同时，进行建设工程一切险和第三者责任险保险，也可以减轻风险带来的损失。

四、施工合同风险管理实例

对于已经签署并存在缺陷的合同，而且可能工期签证基本没有办理，如何防止对方滥用工期索赔权？结算之前，大致可以从以下几个方面准备：

（1）假设一个工程，合同约定的工期是 6 月 20 日至 8 月 20 日。由此界定了总工期（两个月）和完工日期（8 月 20 日）。可以动脑筋的也主要是三个方面：起始日期、中间过程和完工日期。

（2）起始日期。如果有证据表明，6 月 20 日工程还没有开工，且责任不属于承包方，则起始日期合法地延迟。起始日期延迟了，完工日期自然跟着顺延。这方面的因素大致有：

●建设单位（甲方）在何时提交图纸？图纸是否经过相关部门审查？何时组织的设计交底？图纸、设计交底延迟，开工日期自然推迟（当然，如果是承包方自行承担设计工作，本条理由不能成立）。因而在合同管理过程中，甲方何时发图，发的是白图、蓝图、还是经过审查的图纸，何时组织设计交底，都要做好记录。

●开工前（6 月 20 日），建设单位（甲方）是否办妥了施工许可手续？是否办妥质监、安检的报监手续？若建设单位没有办妥施工许可证，没有办理报监手续，开工日期可以顺延（如建设单位没有合法手续，即使 6 月 20 日已事实开工，总工期也可以顺延，法庭会支持）。

●开工前现场是否具备施工条件？比如，前道工序是否已经完成，是否有其他单位的临建设施、机械、工具、材料堆放于乙方施工场地，致使乙方无法动工？这方面的证据，承包方可以自行收集（查一下当时的文件来往、会议纪要、监理日记等）。同时，在合同管理过程中，需要有意积累证据资料，比如现场状况录像、照片（要摄入日期证据）、向甲方客气的发出要求解决现场问题的函等。

●甲方是否已履行预付款义务？若合同是 6 月 13 日签署的，则 7 天之内甲方应付首付款。若甲方延迟付款，乙方也可以延迟开工，因为甲方的预付款是在先的履行义务，甲方没有支付预付款，承包方可以推迟进场，推迟开工。

在合同的签订和实施过程中，不要轻易相信任何口头承诺和保证，少说多做是一个必须养成的工作习惯。一字千金，而非一诺千金，双方商讨的结果，做出的决定，或对方的承诺，只有写入合同，或双方签署文字意见才算确定。合同的签订需要字斟句酌，只有把每一项活动存在的风险降到最低，才能获得最大的利益。同时，水利施工企业应重视发展自身的核心竞争力，"工欲善其事，必先利其器"。尽管水利施工企业的通用技术较多，但谁在科技创新上有优势，谁就能在发展上占主导地位。施工企业要结合自身的技术优势和特点，开展技术创新，紧跟科技潮流，使企业的技术始终走在同行业的前列，这势必给施工合同管理带来诸多主动和裨益。

第七节　水利水电工程分包管理

我国的法律规定中标人按照合同约定或者经招标人同意，可以将中标项目的部分非主体、非关键性工作分包给他人完成，而接受分包的人应当具备相应的资格条件，并且不能进行再次分包。在水利水电工程建设中，分包现象普遍存在。因此如何在合法的情景下进行分包，对分包商如何进行管理对工程建设目标的实现至关重要。本节首先探讨了水利水电分包管理的基本原则，从业主单位管理职责、分包商市场准入、分包合同管理、分包商监督管理和分包培训等方面对水利水电工程分包进行了探讨，为我国水利水电工程分包商管理提供指导。

《中华人民共和国招标投标法实施条例》中规定："中标人不得向他人转让中标项目，也不得将中标项目肢解后分别向他人转让。中标人按照合同约定或者经招标人同意，可以将中标项目的部分非主体、非关键性工作分包给他人完成。接受分包的人应当具备相应的资格条件，并不得再次分包。中标人应当就分包项目向招标人负责，接受分包的人就分包项目承担连带责任。"在水利水电工程建设过程中允许合法的分包，但是在分包过程中必须从业主、监理、总包商等各个方面做好对分包商的管理。

一、水利水电工程分包管理基本原则

尽管建筑工程分包是国际惯例，但由于建筑工程本身的复杂性，协调各行业工程分包管理的难度很大。为合理有效地利用资源，在当今的工程建设市场上工程项目分包的方案被越来越多地运用，其中在水利工程的建设中更是被广泛应用。目前，水利工程分包管理是现代企业必须具备拥有的，分包管理的执行完成度与效果，都将直接影响到本企业的形象和利益。

建筑工程分包管理是建筑工程管理中至关重要的环节。有学者提出，要想处理好工程分包管理，首先要单位重视，其次是要有高素质、高效率的管理队伍和完善的管理制度。尽管这些措施已被采取，但工程分包中仍然存在很多问题，如分包量过大，分包队伍选择不规范，分包合同条款不完备，分包结算程序不严格等。为此，有些建设管理层面在工程建设管理过程中往往回避"工程分包"，就造成水电工程建设管理面临很难克服和解决的矛盾。笔者认为，在工程建筑管理中只要能正确认识工程分包并加强分包管理，在分包过程中严格遵循以下几点原则，达到水利建筑市场健康有序发展的目的并不难实现。

在水利水电工程建设过程中，必须贯彻以下几点原则：

①承包人必须依法依规开展施工分包，严禁转包、层层分包、违规分包和以包代管；②专业分包商可以对所承接的工程全部自主、自行施工，也可以将劳务作业分包给具有相应资质等级的劳务分包商。专业分包商和劳务分包商需持有营业执照，具有法人资格及其专业资质，经济方面具备独立核算，具有相应的施工企业资质，并与承包商通过合同构成承发包关系；③专业分包工程总价不得超出施工合同总价的 30%，否则视为违规分包；④专业分包、劳务分包商的选定必须严格依照各项审批手续来执行。专业分包、劳务分包商必须由承包商联系各职能部门审批同意后，由施工承包人项目部向监理机构提出书面申请，经监理机构审核批复后，报天池公司批准并备案；⑤承包商对承包合同规定范围内的施工安全负总责，并依据分包合同及安全协议对分包商的安全生产进行监管。分包商依据分包合同及安全协议负责承包范围内的安全生产作业，并必须遵守、服从施工承包商、监理单位和业主的安全生产监管。承包商和分包商对分包工程的安全问题承担相应的连带责任。

二、业主单位管理职责

业主负责审批施工承包人申报的工程项目分包计划及分包申请，严格控制、监管施工承包人的分包工程范围；严格审查分包商的过往施工能力、业绩与是否具有相关的施工资质；对工程项目分包情况进行备案，定期上报分析工程分包的相关信息；定期针对工程项目分包进行审查；监督检查施工承包商对其分包的安全措施保障与监管；负责对工程项目各参建单位分包管理的评估考核。

监理机构根据合同对工程项目分包情况的说明进行相应的程监督和管理。建立分包安全监理体制；审查评估工程项目分包计划申请；报送工程项目各部分的分包情况；审查分包资质、业绩并进行现场评估；同时采用文件审查、安全检查签证、旁站和巡视等方法对分包商进行监督管理，确保分包部分的安全监理；动态核查进场分包商的人员技术与配备、施工机具质量与配备、技术管理等施工操作能力，发现问题及时提出整改要求并监督其整改把问题解决在萌芽。

施工承包人是分包安全管理工作的主要责任负责人，其负责对分包工程的施工全程进行监管，确保分包的安全作业处于受控状态。承包商必须建立、健全、完善所有分包商的项目安全管理体制；建立分包商资质审查、现场准入、教育培训、动态考核、资信评价等管理制度。

三、分包商准入

任何单位或个人不得对依法实施的分包活动进行干预。必须选择合格的分包单位，严禁与施工资质和能力不符合要求的队伍、非法人单位或个人签订分包合同。对分包商的资质审查应在每年年初或新工程合同签约前进行。审查的重点是分包商的施工能力、施工技术保障、施工安全措施与质量保障能力，以及分包商在类似工程的施工业绩。对于管理混乱或上年度发生过人身死亡和质量事故的分包商，将予以更换不得继续使用。施工承包商应与分包商建立长期稳定、和谐的合作关系，避免人员频繁变动。

分包商资质审查内容包括：具有法人资格的营业执照和施工资质证书；法定代表人证明或法定代表人授权委托书；政府主管部门颁发的安全生产许可证；分包商施工简历、近三年安全、质量施工记录；确保安全、质量的施工技术素质（包括项目负责人、技术负责人、质量管理人员、安全管理人员等）及特种作业人员取证情况；施工管理机构、安全质量管理体系及其人员配备；保证施工安全和质量的机械、工器具、计量器具、安全防护设施、用具的配备；安全文明施工和质量管理制度。

工程项目的分包计划严格执行审批手续。在工程项目开工之前，由承包商向监理机构提出关于拟分包内容和类别的分包计划申请书，经监理机构审批后，报业主审批备案，承包商工程项目部及下属的专业工地不得越权自行招用分包商。

承包商应对拟选用分包商的资质文件和拟签订的分包合同、安全协议报监理机构审查，业主批准。合同、安全协议审查内容主要包括分包工程项目、工作内容、工程量及分包合同价格，工期及施工进度计划，分包工程项目质量与施工安全保证措施。

四、分包合同管理

施工承包人在工程分包项目开工前，应与业主批准的分包商签订分包合同，分包合同中必须明确分包范围与性质（专业分包或劳务分包），主体工程范围内的施工分包只能签订劳务分包合同。在签订合同的同时，根据分包性质与范围，结合现场实际签订分包安全协议。签订分包合同、安全协议的发、承包双方必须是具备相应资质等级的独立法人单位，签字人必须是发、承包双方法定代表人或其授权委托人。严禁与不能有效代表分包单位的人员签订分包合同。必须确保分包合同中分包范围与方式、分包安全责任、分包费用约定与支付等关键条款的内容与公司规定一致，严禁签订含有专业分包内容的劳务分包合同。劳务分包合同不得包括大型机械租赁和主要材料采购内容，不得出现分包单位负责编制施工指导性文件的条款。承包商与分包商签订的合同、安全协议必须遵循施工承包合同的各项原则，满足承包合同中的技术、经济条款，应明确发、承包双方的权利和义务。

分包商只能在分包合同、安全协议签订后才能进场施工。严禁在没有分包合同和安全协议的情况下进行施工。签订后的分包合同、安全协议应报监理单位和天池公司备案。施工承包商应及时向分包商支付工程款或劳务费用；承包商要督促分包商不拖欠施工人员工资，避免在分包过程中因费用等方面的纠纷影响分包安全。施工承包商应履行自身应尽的责任与义务，对合同确定的目标进行严格监督和动态管理，及时预测和分析合同执行中存在的风险和偏差，提前采取预防控制措施，消除分包安全风险。

五、监督管理

业主按审查批准的分包计划和资质报审文件，动态核查分包安全管理情况，按规定定期组织开展分包检查，及时纠正违反本规定的行为。对管理水平低、人员素质差、不服从管理的分包商及违反本规定的施工单位，必须依据有关招投标文件和合同，责令其整改或停工整顿，直至解除合同，并追究其违约的相关责任。对无资质或资质不合格的队伍采用自制借用、挂靠等手段取得专业分包和劳务分包的应坚决取缔。

监理机构应严格审核施工承包商所报送的关于分包工程的各类报审文件，定期或不定期核查分包商人员、机械、工器具等资源配备是否与入场验证相符，每月将分包管理情况报天池公司备案，监理单位本部按季度定期检查所属各项目监理部的分包安全监理工作。

施工承包商负责建立包括分包商在内的安全管理体系，落实各项应急处置方案。分包作业现场发生安全事故或突发事件，要立即按预定的应急处置方案有效处置，并按规定及时进行报告。

分包商必须严格落实分包作业现场管理和安全防护要求，严禁工作负责人不在现场或安全防护措施不落实的情况下开展施工。必须依据分包合同约定组织进行分包施工，严禁未签订分包合同先行施工或超范围施工；必须在分包作业前进行全员安全技术交底，严禁不按批准的方案进行施工分包作业。

六、分包培训

施工承包人要建立健全分包教育培训制度，保证分包培训资金投入，建立分包人员学习培训的长效机制。将分包单位项目经理或项目负责人、技术人员、质量人员、安全人员和主要班组长、特种作业人员纳入本企业年度安全教育培训范围，督促分包单位对所有进场作业人员按要求开展安全教育。分包商必须聘用合格的分包作业人员，严禁未经培训考试合格的分包人员、无证的分包特种作业人员进场作业。

项目实施中，施工承包人项目部要为分包人员提供业余学习场所，采取集中学习、授课、播放影视片等形式，开展分包人员安全施工常识、安全工器具使用、安全质量通病防治、施工技术与方法、事故应急处置和信息报送等方面的培训。

我国法律规定，工程中标人不得向他人转让中标项目，也不得将中标项目分解后转让给他人。中标人还要按照合同约定或者经招标人同意，才能将中标项目的部分非主体、非关键性工作分包给他人完成。而接受分包的人应该具备相应的资格条件，并不得再次分包。在水利水电工程建设中，分包现象普遍存在，如何在合法的情景下进行分包，对分包商如何进行管理对工程建设目标的实现至关重要。本节探讨了水利水电分包管理的基本原则，从业主单位管理职责、分包商市场准入、分包合同管理、分包商监督管理和分包培训等方面对水利水电工程分包进行了探讨，为我国水利水电工程分包商管理提供实践指导。

第五章 水利工程施工管理创新研究

第一节 小型农田水利工程施工管理要点

小型农田水利工程建设是为了服务农民的生产生活，水利工程建设质量是农民最为关心的话题。为了避免小型农田水利工程施工质量出现问题，在施工中强化管理就显得尤其重要。小型水利工程在施工过程中，涉及很多问题，比如技术、材料等问题。

一、影响小型农田水利工程施工因素分析

（一）施工机械设备

小型水利工程施工，需要借助大量的机械设备，这些设备的型号、规格、配套问题会直接影响施工质量。

（二）施工材料

施工材料质量是影响水利工程施工的重要因素。用于小型水利工程建设材料，必须符合国家标准以及工程要求。如果施工材料质量不达标，那么势必会影响工程施工质量。主要工程施工材料包括泥、碎石、砂以及钢筋。在用于施工之前，必须要经过严格的质量监测，符合标准后方可进入施工场地。

（三）施工工艺

施工工艺在小型农田水利工程建设施工中的作用不可忽视。精湛的工艺，无疑会提高水利工程建设施工的效率和质量。若施工工艺存在问题，就会延误施工进度，增加施工成本。

（四）施工作业环境

小型农田水利工程施工建设都处于自然环境之中，因此难免会受到周围条件以及自然环境的影响。施工作业环境属于施工建设的客观因素，除自然环境外，还包括交通运输、工程材料供应等，这些因素都会在不同程度上对施工质量造成影响。

二、小型农田水利工程施工管理要点

（一）工艺管理

施工工艺直接影响工程施工质量，因此在小型农田水利工程建设施工管理过程中，一定要将施工工艺管理工作落实到位，具体分析如下：

（1）渠道工程施工基础处理工艺这部分施工属于工程基础施工，是整个工程的根基，施工质量控制非常重要。承载力必须要满足施工标准，一般会采取换基夯实工艺进行处理。

（2）沟槽的开挖沟槽开挖属于施工前作业，因此施工技术人员必须要全面掌握沟槽槽底高度与宽度要求。在开挖的过程中，减少由于超挖、欠挖而造成的工程质量问题。

（3）沟渠渠身的安置在完成沟渠槽底回填以及沟底混凝土浇筑之后，应该进行渠身的安置。渠身通常采用型预支渠身。对于渠身中心以及高程的控制，通常采用坡高板来进行控制，在实际施工作业过程中，应该确保坡高板设置的牢固性。

（4）砌体工程施工在砌体工程施工过程中，为了提高砌体工程施工质量，应该做好砌块排列以及错缝搭接。对于转角墙以及纵墙交接处的砌筑施工，应该注意砌块分皮留搓，交错搭砌；对于小型农田水利工程浆砌工程应该采取分层砌筑的方式，将每层砌筑的厚度控制在要求以内，完成砌筑后应该对浆砌体进行及时勾缝，并做好防渗处理。

（5）钢筋工程及混凝土工程施工这部分工程施工管理内容比较复杂，要对施工钢筋材料进行质量监测，保障材料符合施工标准。同时，钢筋工程要进行人工绑扎，或者焊接接头处理。管理的目的是保障钢筋保护层厚度、型号、焊接与施工要求、国家标准相符。混凝土工程是工程的关键，施工管理重点对混凝土工程模板的强度、刚度、稳定性和表面平整度进行检查，确保立模质量满足规范以及设计要求。混凝土的浇筑施工作业应该采取水平分层、一次整体浇筑，插入式振捣器振捣密实的方式进行浇筑作业，在混凝土浇筑完成并初凝后应立即进行相关养护工作，养护期间应保持湿润，避免由于雨淋日晒或者是冰冻等不良条件降低混凝土工程结构的强度。

（二）设备管理

施工机械设备是小型农田水利工程中不可缺少的一部分。在施工管理中，要强化施工机械设备管控，从设备购买、设备检验以及设备施工等全面进行管控，确保设备质量符合工程要求，保证设备标准化操作，做好设备维护与保养。现代化机械设备技术性强、种类多，因此需要科学管理，才能保障设备的充分利用，满足施工要求。

（三）材料管理

小型农田水利工程项目领导要重视材料管理，建立完整、科学的材料采购规范和计划，从材料采购、财务、记账等各方面进行管理。引入现代化信息管理技术，对材料运用的各个环节进行监控，确保材料质量的同时，提高材料利用率，同时减少浪费。

（四）施工环境管理

施工环境属于客观因素，在施工过程中，要通过人为努力进行改造。一是自然环境，做好环境监测，保障施工区域环境与项目工程施工契合；二是针对主要的环境问题，要做好环境保护工作；三是强化环境保护意识。在材料供应方面，要与材料供应商紧密联系，确保材料正常供给。交通运输环境方面，要做好场内交通的合理规划，避免施工运输冲突，调整和协调交通线路，最大限度保障交通运输畅通，减少场内运输时间。

（五）安全管理

安全管理是施工管理不可缺少的内容。强化全体人员的安全防范意识，制定安全防范管理机制，做好设备检测与安装，避免机械突发安全事故。现场作业安全管理进一步强化，确保施工操作的规范性，减少施工安全隐患。

本节对小型农田水利工程施工影响因素进行了分析，进而有针对性地提出了施工管理要点，以期为我国小型农田水利工程建设发展助力。

第二节　农田水利工程施工组织设计总平面布置

农田水利工程施工建设内容多为渠沟整治、桥涵口闸建设、农田道路铺设、土地平整、防风林种植等，工程施工最大的特点是线长、面广、点多。进行农田水利施工场地平面布置时要根据工程区域的地形特点、地貌特征和地质条件，利用现有的施工场地条件，合理布局，统筹安排，确保各时段内的施工均能正常有序进行。

一、施工平面布置原则

（1）在满足施工需要前提下，尽量减少施工用地，不占或少占农田，施工现场布置要紧凑合理。

（2）合理布置起重机械和各项施工设施，科学规划施工道路，尽量降低运输费用。

（3）科学确定施工区域和场地面积，尽量减少专业工种之间交叉作业。

（4）尽量利用永久性建筑物、构筑物或现有设施为施工服务，降低施工设施建造费用，尽量采用装配式施工设施，提高其安装速度。

（5）各项施工设施布置都要满足：有利生产、方便生活、安全防火和环境保护要求。

二、布置说明

施工总平面布置内容包括办公及生活设施布置，临时性生产设施布，施工交通布置，风、水、电供应等内容。分为主要工程施工区、施工临时生活区、施工辅助企业区和仓储区。结合农田水利工程施工点分散的特点，主体工程施工区、临时生活区采用分散布置的形式；施工辅助企业区主要布置在施工管理临时生活区附近，仓储区中除综合仓库采用集中布置，水泥库等宜分散布置。

三、施工平面布置

（一）生活及福利设施

根据施工总进度计划及总工日数与拟采取的管理模式、施工方法、工程施工高峰期总人数，计算需建临时生活及福利设施的面积。临时房屋一般以活动板房为主，个别建筑采用砖木结构，在条件允许的地方可租用民房。临建设施布置原则上力求合理、紧凑、厉行节约、经济实用，方便施工期间各项工程能合理有序，安全高效地施工。

（二）交通运输

工程施工一般以当地高速公路、国道、省道作为对外交通的主干道。项目区内一般利用各乡镇间不同级别的公路和田间的机耕路和农田路作为施工道路，同时可根据施工现场条件及施工需要，在现场修建临时道路。

（三）生产和生活用水

根据施工现场条件，施工用水可取用当地地下水，在施工现场设蓄水池，生活用水可从附近村组拉运。

（四）施工临时供电

农田水利工程项目区一般都在当地村庄附近，项目区内大多有输电线路通过，农用电网密布，施工用电十分方便，在必要的地方可架设输电线路为施工之用。考虑到农田施工比较分散的特点，还需配置与施工用电相适应的发电机组。

（五）施工通讯

一般情况下，中国移动和中国联通网络可覆盖农田项目区，且两个网络运营商资费低廉，在施工现场配备手机作为对外联系和施工区内生产调度联络，从而满足施工通讯联系。局部网络信号覆盖不到的地方可配置手提式对讲机加强生产调度联络。

（六）砂石、砼生产系统

1. 砂石加工系统

根据施工现场条件，在能满足工程施工要求的前提下，尽量少占场地面积及环保等原则，工程所需砂石料均从当地料场直接购买。为满足工程施工需求，需配备自卸汽车运输，并在施工现场设砂石料堆放场，分开堆放各种骨料。

2. 砼拌和系统

小型农田水利工程的工程砼工程点多线长面广，而且每块混凝土的浇筑量均小，强度均不大。结合建筑物结构特点与布局形式，一般采用小型搅拌机即可满足混凝土生产要求。砼拌和系统主要配置：成品料堆、袋装水泥库、空压机房、试验室等。

3.砼运输系统

砼水平运输：搅拌机拌和站一般使用小型机动翻斗车运砼直接入仓或搭马道人工手推车转运入仓上料。垂直运输：采用搭设脚手架或利用溜槽入仓。

（七）综合加工厂

为了便于管理及施工方便，设置综合加工厂，主要有钢筋加工厂、木工加工厂。

（八）综合修配厂和机械停放场

综合修配厂主要承担工程机械、运输车辆的二级保养，小型机械的修理、简单零配件加工及施工设备停放、金结设备堆放拼装等。场内设修理间、仓库值班室，采用封闭式砖木结构。修配车间建筑面积和总占地面积根据工程规模和工作内容具体确定。

修理厂附近设置机械设备停放场一处，主要为设备修理及故障排除，运输车辆停放于生活区停车场。

（九）仓储设施

工程所需金结、金结埋件物资材料，可放置在工地仓库；砂石、水泥储存于砼拌和系统成品骨料的堆放场和水泥库；钢筋、木材储于加工厂。水泥储备半个月的用量，钢筋、木材亦储备一个月用量。

1.工地综合仓库

综合仓库为工程施工、工具、五金器材、化工、劳保和配件等储存用，并承担定型钢模板、钢管、电缆等露天堆放的材料储备任务。

2.水泥仓库

工程水泥仓库分散布置在各拌和场所。预制厂水泥仓库。

（十）弃渣场布置

工程垃圾根据有关规定及环保要求，按规定运至指定地点填埋或回收利用。弃渣场按施工场地实际情况合理堆存，汽车运渣至料场后，用推土机适当推平。尤其是渣堆边缘部位，稍做碾压，防止滑坡。

（十一）消防设施

根据消防规定，在辅助企业区、生活区配备足够的消防器材及辅助工具。

农田水利工程施工设计总平面布置要因地制宜、利于施工、方便管理，技术经济合理、生产安全可靠、有利于环境保护。

第三节　水利工程投标中施工组织设计的编制

近年来，我国的水利工程施工建设发展得非常快，同时，也给我国的经济带来了巨大财富。因为水资源是人们生活以及工作不可缺少的资源，只有修建水利工程，才能控制水流、防止洪灾，满足人们生活和生产对水资源的多元化需求。作为水利工程设计中最重要的部分——施工组织设计，是作为水利工程投资评估、预算评估、制定招标文件的参考。施工组织设计是用来指导施工项目全过程各种活动的项目、经济、组织的综合性文件。水利工程是用于控制和调配自然界的地表水和地下水，以除害兴利为目标的一项工程。

随着水利工程的发展，有关水利工程投标中施工组织设计的编制就成为施工单位研究的重点工作。这也是施工单位的招标文件的内容之一，在水利工程建设中十分重要。在进行施工组织设计工作时，首先要对工程进行高度的熟悉，才能更好地进行工作。投标文件中应该包括水利工程的总规划等文件，这是最重要的部分，做好施工组织设计的编制工作是非常重要的。下面将阐述水利工程投标中施工组织设计编制的整个过程。

一、编制前的准备工作

水利工程投标中施工组织设计编制最重要的部分就是在编制前的准备工作，在每项工程建设过程中，如果没有充分的准备工作，就不能真正的了解到项目的真正情况。水利工程进行投标时，关键的部分是标底与报价，标底与报价的依据是竞标施工企业施工实力、资金的运转情况、资源配置的合理性等情况。抓住这些部分来进行投标，施工组织设计可以提供大量的资料以及数据，供工作人员来参考。另一方面，了解了企业施工组织设计能够对工程施工有一个很好的认知，能够从根本上了解到工程施工的进度，还可以了解到企业工程建设的认知。进行水利工程的投标，相关的投标单位会安排专业人员到水利工程的所在地，进行全方面地勘察。在这时，工作人员可以获取与收集投标时所需要的资料与数据，这样才能为下面的工作做出准备。

二、施工组织设计的内容

施工组织设计的过程分为四个方面：

（1）这一过程需要相关专家的配合来进行，是投标过程中最基本的部分，需要相关的专家对收集来的资料与数据进行分析与研究，排查一些准确性不高的数据，保留一些准确性高的数据，保证编制施工组织设计信息的准确性。需要专家专业性的知识。

（2）下一个阶段，就是投标前的评标。简单来说，就是对上交的数据进行评选，看看哪些数据是可以采用的，哪些是不符合条件的，进行筛选。这一过程，时间比较短，施工组织设计作为评选的标准，要具有全面性、清晰性等特点，能够使专家在短时间内对资料有大致的了解。

（3）能够使专家更快的阅读与筛选资料，水利工程的组织施工设计除了采用文字表达，还可以采用图表、流程图的形式表达出来。这样，施工组织设计的内容更加清晰，更加容易理解。

（4）选择合适的施工方式也是非常重要的部分，要结合水利工程的地理位置，进而选择合适的施工方式。这一过程，可以体现出施工单位的优势，专家也就会很少的提出疑问，更加减少施工时间。

三、相关的注意事项

（1）一方面任何一项工作都是需要准备工作的，要不然不能充分地发挥到其中的优势。编写施工组织设计之前，需要对招标的相关文件进行解读，了解到招标文件中的重点，招标的形式、招标的信息等方面。另一方面，要取得业主的施工设计图纸与招标文件，得到之后，还要邀请相关的专家进行研究，参考勘察专家提供的资料，进行进一步的分析论证，整合出一份对招标有重要作用的招标文件。

（2）除了专业性的知识，还需要市场上的情况。这一过程，进一步地说就是除了专业人员对水利工程的实地勘察，还需要安排一些人对市场进行调查，要了解到其他地方水利工程的建设，取长补短，汲取对方的优势。比如水利工程的地区建筑材料、施工的情况等方面。另外，要对提出的问题进行解答与探讨，及时的以书面的形式反馈给大家。

（3）任何一项工程与设计，都是需要很多次的改进。要求工作人员对水利工程相关文件熟悉之后，并且把相关的资料都收集之后，组织相关人员开会，进行探讨，研究出一份最专业的设计，这样可以减少频繁修改方案的次数，很大强度上提高工作效率。

四、编写标书

（一）最大化使用市场考察材料

要充分时使用收集来的资料，因为招标的内容不一定能够达到全面，需要根据实地情况进行使用。在中标之后，还要对水利工程的所在地进行勘察。根据实际情况进行施工。

（二）根据标书要求编标

水利工程的招标文件有很多的要求，比如格式、相关工程技术要求、施工质量等方面的要求，必须按照相关的规定进行编写标书。

（三）具体编写

施工组织设计要具有一定的质量标准，如果达不到标准，会影响到工程的质量、施工进程、经济效益、企业的信誉、施工管理等方面。施工组织设计的招标文件有具体的要求，包括工程的大致情况、施工人员的调配、施工设备的管理、采购材料的情况、防护措施等。施工方法要依据合理合法的原则进行施工，尽量要选择先进的技术，尽量地缩短工作周期。另一方面，还应该考虑企业的收益，当然，还要将环保作为最重要的部分。面对特殊要求的工程，要综合施工企业的资质，来进行施工，尽可能地满足领导的要求。

水利工程关系到社会公共利益、公共安全的项目，很多国家都对这项工程进行投资，属于《中华人民共和国招标投标法》进行招标的内容，施工组织设计是对工程建设项目整个项目中过程中的设想构思和具体安排，可以加快工程速度，并且具有质量好、效益高的特点，还可以带来可观的经济效益，使整个工程得到更好的效益。

第四节　水利水电工程的施工总承包管理

随着近几年我国社会经济的快速发展，水利水电行业也得到了飞速发展，进而使得人们对水利水电施工质量提出了更高要求。基于此，本节首先对水利水电工程的施工总承包管理内涵做了简要分析，进而详细介绍了水利水电工程的施工总承包管理内容及模式，最后对水利水电工程中施工总承包管理的制度和资质进行了详细说明，以便能够使人们对施工总承包管理有着更为深刻认识和了解，确保施工总承包管理在水利水电工程中充分发挥出应用的作用和价值，不断提高水利水电工程质量。

施工总承包管理模式具体指的是由业主方对多个或一个施工单位进行委托，要求其组成施工联合体。施工联合体是水利水电工程施工中的具体管理单位，其他分包单位则由业主委托其他的施工单位进行施工。

一、水利水电工程的施工总承包管理内涵

（一）施工总承包管理概述

在工程总承包方面，西方国家已经有了一定的发展历史，积累了一定的成功经验，逐渐形成了相对成熟的工程项目总承包管理体制。而我国的水利水电工程长期以来采用的是设计、施工互相分离的总承包模式，此种模式存在诸多问题，工程责任不清、效率较低且内部消耗相对严重。为了有效地解决以上问题，保证水利水电工程发挥其经济效益，学习国外先进经验形成水利水电工程的总承包管理是行业的发展需要。在水利水电工程的施工过程中，进行科学的施工总承包管理能够实现行业的组织结构优化，对分包管理进行控制指导，有效地降低工程的施工成本，帮助企业获得更好的经济、社会效益。作为水利水电施工企业，需要充分调动、优化各方面的资源，保证总承包管理的优势得以发挥。但是总体而言施工总承包在我国发展历史较短，因此在管理方面还需进一步完善加强。

（二）施工总承包管理在水利水电工程中应用的原则

在水利水电工程的施工中，进行总承包管理的过程中需要以科学、统一、公正、控制、协调为基本原则，保证管理工作有效地进行。所谓公正原则，指的是以业主的利益以及工程的效益为出发点，选择合格的施工、材料、管理分包商，从而保证工程的施工承包合理公平；所谓科学原则，指的是水利水电工程施工的总承包管理，需要涉及多方面的内容，管理环节较多，因此需要抱着科学严谨的态度，采取先进可行的管理理念，加强技术手段的应用，以做好水利水电工程的管理；所谓统一原则，指的是工程承包商对于工程的分包商需进行全面的管理，可保证承包管理的组织、目标、方法、流程以及制度的全面统一；所谓控制原则，指的是在总承包管理的过程中，采取合理的反馈控制手段，做好分包商的监督控制工作，从而保证获得良好的工程控制效果；所谓协调原则，这是水利水电上程施工总承包管理的水平体现，做好与各分包商的沟通协调工作，控制施工中存在的风险，以确保水利水电工程能够顺利地完成。

（三）水利水电工程的施工总承包管理流程

在水利水电工程的施工中，总承包管理的流程需要以工程合同为核心，慎重做好规划工作，严格落实管理要求，保证管理的效果。总承包管理的流程具体如下：第一步，需要熟悉总包合同的内容，继而确定管理的目标；第二步，确保分包的专业以及施工的内容，提前构建施工的承包管理制度以及相关措施，保证工程的招投标规范有序地进行；第三步，分包进行专业招标编制，科学的评价企业的资质与实力，避免"扯皮"单位以及"皮包公司"等介入工程的承包中，重点考虑资质高、信誉好且合作多的分包单位；第四步，编制专项和协调方案，健全分包工程的约束机理机制，形成"互利共赢、风险共担"的分包合作管理，构建长效管理机制；第五步，编制施工组织方案总设计，制定工程的总进度计划，并在业主的审查同意和监理监督下进行过程控制；第六步，在进行工程的施工管理过程中，确保工程交付时工程的质量、工期及安全目标均得以实现。

二、水利水电工程的施工总承包管理内容及模式

（一）水利水电工程中施工总承包管理的具体内容

在水利水电工程中，其施工总承包管理涉及的内容众多，和工程管理的内容相似，具体包括以下内容：①工程质量管理。对工程的质量进行总负责，以保证分包商对分包工程的质量负责，构建完善的质量管理体系，制定有效的质量控制计划，并采取相应的质量控制措施；②工程进度管理。在水利水电工程施工的过程中，做好施工进度的实施动态跟踪管理、做好水利水电施工图纸的设计工作后，业主需要进行施工总承包的招标，从而保证具备充足的设计和施工时间；③工程成本管理。由工程施工的总承包方构建项目的成本管理体系，对工程施工中的各方面消耗成本进行控制，避免出现工程索赔或者额外费用的问题；④安全管理。作为工程施工的总承包方，需要以"预防为主、安全第一"为原则，构

建健全的安全管理体系与生产责任制，以保证施工安全目标得以实现；⑤现场管理。在施工的过程中，总承包方需对工程施工现场进行统一的设计、布置及管理，对环境、地质、水文、消防以及卫生进行管理；⑥合同管理。按照工程的施工合同的要求，履行施工管理；⑦要素管理。对工程施工中涉及的人力资源、机械、材料、资金以及技术等生产要素进行管理，做好优化配置，以减少管理的成本。

（二）水利水电工程中施工总承包管理模式

对于水利水电工程施工而言，总承包管理的方式多种多样，且各管理方式之间能够互相渗进，从而提高管理的效果，具体有以下几种方式：

①目标管理。目标管理是一种主动管理的模式，施工总承包方需向分包方提出总目标和阶段性目标，从而实现对各分包商的管理；②跟踪管理。为了保证工程各项目标得以实现并符合相关要求，及时发现工程中存在的问题并予以及时的解决，防止工程出现延迟导致承包商的经济损失；③平衡管理。对工程施工中的关键环节进行控制，保证工程施工有条不紊，并对工程施工中的隐患进行预测并做好预防措施；④计算机辅助管理。在工程施工过程中，采取计算机与网络技术能够提高信息管理的效率，保证总承包企业管理和决策水平得以提高。

三、水利水电工程中施工总承包管理的制度和资质

（一）水利工程施工中总承包管理的制度

在水利水电工程的施工过程中，总承包管理的制度主要包括工程计划、绩效、责任以及核算等方面的内容。具体来说，主要表现为以下几个方面：①计划制度。指的是促进各方面形成合力，为工程项目的施工总目标服务，其贯穿工程施工的全过程，按照施工单位和合同制度进行相应的年度、季度以及月份计划的制定，并及时向监理公司上报；②责任制度。明确工程的责任主体及追究办法，由项目经理人全权负责责任管理制度，保证工程责任明确至个人；③绩效制度。为了严格落实工程计划与责任制度，需要采用积极的工程监督激励方式，对工程的绩效评价标准及评价方式予以明确，健全并完善工程绩效监督及奖惩制度；④核算制度。对工程进行核算实施制度的前提和基础，其能够对各项制度的执行情况和取得成果进行监督，采取合理的控制手段实施效果控制，并使得核算工作得以在最小控制单位严格落实。

（二）水利水电工程施工中总承包管理的资质

构建完善的水利工程施工总承包管理资质体系，将我国的施工总承包企业的资质自高向低划分，划分为四级，分别是特级、一级二级以及三级资质。总承包企业特级资质标准，主要是对企业的资信能力、主要管理人员以及专业技术人员的专业水平、科学技术的应用、工程业绩等方面进行评价，规定企业的注册资本金需超过 3 亿元，净资产超过 3.6 亿元，

企业三年内的工程结算收入平均超过 15 亿元。对于一级、二级以及三级资质的标准，要从企业的工程质量、资信能力、管理人员以及专业技术人员的能力水平进行评定。对企业已建的水电站、大坝、排水泵、拦河闸以及隧洞工程以及其相关设备进行考察，研究企业的经理、工程师、会计等管理经历、人数以及职称，研究企业的注册资金，分析其三年内的最高工程结算。

综上所述，在水利水电行业飞速发展的今天，要想提高水利水电工程质量监督与管理工作的效率，实现水利水电工程建设程序的规范化。管理者在创新监督管理方法的同时，还要提高各水利水电工人的素质，充分发挥水利水电工程工人的主观能动性，使其在各种政府政策和法律的作用下，共同监督建筑工程，促进水利水电工程的实施。

第六章 水利工程与生态环境的融合

第一节 水利工程生态环境效应

在工程实践中我们可以充分了解到，水利工程对于调节区域内水资源分布情况，优化水资源利用结构有着重要的意义。所以，水利工程也成为保障居民生活以及企业生产的重要设施。随着我国水利工程数量的不断增加，人们也发现了水利工程建设会对生态环境造成不同的影响，包括积极影响和消极影响。在可持续发展战略不断深入的今天，人们也开始关注各种施工项目对生态产生的影响。很多专家学者根据项目的具体特性，明确了项目实施及建成后对生态的不同影响，也提出了相应的控制措施，这些措施在实际工程中取得了良好的效果。本节针对水利工程所起到的生态环境效应进行研究，为后续制定相应的生态保护措施提供参考。

水资源是一种可再生的资源，由于我国很多水文资源管理利用者没有认识到水资源管理以及利用的实质，缺乏有效的利用管理机制，水资源得不到有效的利用，并存在水资源浪费的情况。水利工程作为调节区域水资源分布、优化水资源利用结构的重要设施，其水资源生态调节能力已经受到了社会各界的广泛关注。随着环境生态保护意识的加强，我们在兴修水利的同时，也逐渐注意到水利工程给生态环境带来的影响。所以，如何在保证水利工程防洪、灌溉等功能要求的同时，确保工程涉及区域内生态环境质量，将成为水利工程设计、实施的重点和难点。

一、水利工程生态环境效应概述

目前，根据现有研究，我们对水利工程生态环境效益提出了相应的解释。随着人们对于水利工程研究的不断深入，发现虽然水利工程能够在一定程度上起到水资源分布的正面作用，但是同样也会给环境带来一些负面影响。无论是正面作用还是负面影响，都需要进行深入的研究。

水利工程建设项目起到的环境效应会涉及环境破坏以及环境修复等问题，并且还需要技术人员对维护环境、降低环境负面影响的措施进行讨论。所以，在水利工程建设项目筹备期间，往往需要对项目本身存在的环境效应进行分析，经济效益和社会效益往往单独进行分析，从而提升水利工程正面效应，减少负面效应。

二、水利工程对自然生态环境的影响

（一）对河流系统的影响

以水库建设为例，水库建设完毕后往往需要利用拦河坝进行蓄水，在蓄水的过程中，河流下游流量明显降低，拦河坝上游水面标高提升，水域面积增大。当地水资源分布情况得到了调整，在一定程度上起到调节河流流量，确保当地用水需求的积极作用。

在水库实施泄洪、蓄水操作时，都会对当地河流的流量产生人为影响。如果不能合理计算水库的相应技术参数，那么必然会导致下游生态流量得不到有效保证等问题，甚至会导致河流改道、闭塞等问题的出现。

（二）对当地植物的影响

一般来说，水利工程的建设地点都处于距离居民聚集区较远的地区，所以这些地区往往覆盖着较多的深林植被，其生态环境也体现出较强的原始性。由于在项目建设过程中，很难避免林木的砍伐，所以会导致项目所在地植被覆盖面积的降低，进而加剧水土流失问题的恶化。如果水土流失问题恶化到一定程度，将导致河床出现不断抬高的趋势，进而降低河道流量的稳定性。另外，由于部分水利工程涉及蓄水的操作，当水面抬高后，也必然导致低海拔区域的植被被淹没，这样就导致低海拔区域植被的死亡。如果在这个区域内有珍惜植物，那么将在一定程度上影响当地植物种类的多样性。但是由于蓄水等活动，对于当地水资源所起到的调节作用，能够让当地植物获得更为充足的水分，能够在一定程度上促进区域范围内植物的生长，避免部分区域干旱、部分区域洪涝问题的出现，将水资源分布现状进行调整优化。

（三）对当地动物的影响

在三峡大坝建设过程中，就涉及鱼类洄游的问题，专门为洄游鱼类建设了洄游水道，虽然这种措施在一定程度上保证了鱼类正常的繁殖行为，但是仍然对当地生物的习性产生了一定的影响。另外，当地部分穴居动物会在河岸、湖岸打洞栖息，工程建设过程中以及蓄水过程中则会导致动物栖息地受到破坏，这就影响了动物的正常栖息。部分主要居住在低海拔区域的动物会受到不利影响，其他预期为食物或者被捕食动物的生存状态也将受到不同程度的影响。

（四）对水环境的影响

水环境分为地表水环境以及地下水环境，由于工程建设活动，往往会导致油污、废水等污染物进入当地水体，从而对水体产生不良的影响。另外，在水电站、水库蓄水过程中，水面海拔高度的变化也会导致当地水体温度的变化。虽然低温水生动物能够得到相对良好的生存环境，水生动植物种群变化，在一定程度上也丰富了当地物种，一些深水环境下能够生长的微生物、鱼类、水生植物，都能够获得良好的生存环境。但是由于动物种群的变化，水质也会由于水生动植物的生长活动发生不同程度的变化。

（五）噪声污染问题

在实际建设过程中，往往涉及施工设备的运转，所以难以完全避免施工噪声的出现。虽然目前我国对于施工项目噪声控制上已经颁布了相应的控制标准，但是施工噪声仍然能够驱散当地的部分动物，导致动物迁徙到人类活动更少的区域，从而破坏当地的生态多样性。在水利工程投入运营过程中，也会由于设备运转发生一定程度的噪声，这些噪声主要的影响对象就是当地的动物。所以，水利工程设施的设备噪声，是需要技术人员进行重点控制的影响。

随着人们环境保护意识的不断提升，我们发现人们更愿意采用环境友好型的水利工程设施，也将水电作为重要的能源供给方式。但是在研究水利工程建设过程中以及水利工程投入使用后的生态影响我们发现，我们需要对目前的技术方案进行优化，彻底解决项目对河流系统的影响、对当地植物的影响、对当地动物的影响、对水环境的影响、噪声污染问题，从而保证项目的环境效应。

第二节　水利工程与生态环境保护

随着城镇化进程的加快，城市问题日益凸显，人口拥挤、交通堵塞、空气污染、饮用水质量下降、垃圾处理不及时等问题日益引起了人们的注意。这些都严重影响着城市居民的生活质量，对生态环境也产生严重的破坏。所以，从社会层面上要积极普及环境保护的理念，强化环境保护的意识，积极发展绿色经济和循环经济。从多个角度、发挥社会力量来强化对生态环境的保护，努力构建环境友好型社会，实现经济社会的可持续发展。

要实现城市的可持续发展，就要积极提升城市的生态环境保护意识和能力，积极普及环境保护法律，积极构建环境保护工作机制，加大对环境污染和破坏的治理力度，积极发展城市绿色经济和循环经济，使得城市发展与生态环境实现协调发展，促进城市和人类社会的可持续发展。

一、社会发展与生态环境之间的关系

（一）城市的生态系统

生态系统是生物学名词，指的是在自然界的空间内，生物和环境是一个统一化的整体，生活和环境之间相互发生影响、相互构成制约，在某个时期内实现相对稳定的动态化的平衡状态。城市生态系统作为人类对自然环境的适应，在一定的区域内实现人口、资源和环境的相互影响所建立起来的经济社会、自然环境的复合体。

（二）城市环境

城市环境指的是人类适应环境、利用环境和改造环境而创造出来的，一般可以分为自然环境和社会环境。社会环境一般指的是人口、经济、社会、文化等，而自然环境包括气候、土壤、地势地貌、植被生物等。在城市形成和发展过程中城市环境发挥着重要的作用。

（三）社会资源利用、再循环利用的原则

循环经济的应用，指的是对资源实现循环利用，不断利用和减量化使得城市污染物和废弃物等有害物质的排放量得以最小化，将那些可以循环、可以重复使用的资源充分再次利用起来。这也是被看作生态系统中在循环过程中的动态化平衡，究其本质就是生态利用模式，这也是当前缓解生态环境恶化、实现可持续发展的重要举措。

二、水利工程建设的贡献

自古以来就有大禹治水的传说，通过清理河底的泥沙，将河流改道、拓宽等措施来预防水患。古时候的水利工程大多是用来防洪灌溉，修建沟渠，引水浇苗，为农业生产服务，如都江堰，通过在河流上修建堤坝来蓄水，抬高水位，从而为农业灌溉提供用水。

三、大规模水利工程建设带来的负面影响

对原本自然植被的分布发生改变。河道上大量水利工程建设，会导致植被的多样性减少。下游的沼泽、湿地、草地因水源被拦截，导致缺水，或者因水源蓄积变成蓄水区。原本不同土地的类型被打破，生物的多样性也将直接受到影响。同时，不合理的灌溉，也会造成地下水位的升高，在光照的作用下，导致土地的次生盐渍化或盐碱化。

污染物的排放与沉积。早期人们为了追求经济效益，对污染物的控制不及时，处理不当，大量工业废水，生活污水通过管道流入自然水中。长此以往，水中的污染物浓度越来越高。由于水流较慢，污染物也会在此处沉降到河底和湖底，水的污染问题也愈演愈烈，水质变差，水体富营养化。

对气候的影响。大规模的围湖筑坝，水流的库区形成巨大的湖泊，在光照下蒸腾作用大大增强。库区水位升高，库区面积增大，最直观的影响就是气温与降水，越靠近库区降水量越小。水库的面积越大，蒸发量也就越大，这就对水库周围的植物动物的生存环境造成严重的威胁。并且强大的蒸发，也会形成雾气，不利于空气的流通。大型水库对区域气候的影响尤为严重。

生物的生存环境遭到破坏。自然环境是经过几万亿年的演变而来的，水利工程往往会破坏当地生物生存的自然环境。

对地质地貌的影响。水利建设势必对河流原本的流向、路径造成影响，越大的水利工程对地质的压迫越大。与海洋不同，位于陆地上的水利工程会对板块带来更大压力。巨大

的水库蓄水区，库区越广，存放的水量越多，水底的压力也就越大。对板块运动也会产生一定的影响，容易诱发地震、泥石流等地质灾害。

四、水利建设与生态环境保护的协调发展

在经济发展的同时也应该做好环境保护工作。近年来，长江的污染问题越来越严重，保护长江更是刻不容缓。经济过快增长带来的是水资源的不合理利用，水体污染，水利建设与管理的不规范性，这些问题共同导致了如今自然环境的破坏。要在水利建设的同时，做好环境保护就必须做到以下几点：

（1）把好水利建设关。加强水利部门对水质、流量的水文因素的把控。严格审批流程，组织专家队伍，对各地水利设施进行考察，科学管理与审批，在进行大规模水利建设时，必须经过全方面严格的考察，全方位，多层次权衡利弊，既要有利于社会经济的发展，也要有利于环境的保护。

（2）合理利用水资源，节约用水。强化节水意识，保护植被，合理放牧，保护区严禁开垦。

（3）大力发展绿色行业。调整产业结构，使用清洁能源，大力推广太阳能发电和风能发电，减少水力、火力发电。污染物集中处理，强化公民意识，减少垃圾入水。

（4）对于已经发生土地沙漠化的地区予以育草植树，涵养水源，减少水土流失；对于已经发生环境破坏的地区采取积极的修复治理措施。

水利工程建设要与环境保护相结合，综合考虑，权衡利弊，合理的利用水资源。饮水思源，发展经济不能建立在破坏环境的基础上，不能走先污染后治理的路。要科学调配，保护人类赖以生存的自然环境，使我们的水更绿，天更蓝。

第三节　水利工程生态与环境调度初步

经济发展离不开水利工程，但在我们享受水利工程带来的效益时，河流等生态环境却承受着巨大的影响。在工程施工过程中，废水、废电、噪音等对周围水域造成了不利影响，完工的水利工程又改变了水量平衡、水势结构等方面。因此，必要的生态和环境调度是重中之重，考虑经济开发和生态环境双重因素，运用正确的调度方法进行生态环境保护，减少水污染，为人类可持续发展奠定基础。

一、生态调度简述

生态调度是指从管理层面的角度出发，以满足经济社会发展需求为前提，通过对水利工程的合理调度，达到河流生态健康和可持续性需求的技术手段。水利工程建设的规模不

同，对生态环境造成的影响也不尽相同，因此相应的生态调度技术也不尽相同。如在水库调度方案设计和调整中，要明确下游需要保护的目标及其需求，确定维持下游生态功能不受到损害的下泄水流量。生态调度的任务也有很多，尽可能恢复河流的连续性，尽可能保证水库下游的生态用水，尽可能改善生物栖息地质量等等。生态调度的重要性不言而喻，降低水利工程建设对生态环境的影响，维护水库生态系统的稳定性，制定合理的、科学的水库调度的计划，从而降低其对河流的不利影响。

二、水利工程对生态环境的影响

（一）影响气候，气温升高

水利工程的建设对于气候环境的影响十分显著。水库大坝等水利工程的扩展建设，导致原本湖泊河流的水资源系统发生了巨大改变，河流水、地表水、地下水等系统因人为作用聚集或分散，造成水量失衡，破坏原有的气候环境。例如水库等水利工程建设在相对密集的地区，水库储存水，使得水库上空大量水分子聚集，造成湿度增大等，减少了水库区域的降水量，相对的城市降水量就会增加。再加上城市大量的废气排放，容易造成城市雾霾天气。

（二）影响河流水位，破坏水文环境平衡

河流是陆地水系统的重要组成部分，也成了水利工程重点调控的区域，水利工程建设的大力开展，加强了城市建设，保证了人们的能源需求，其中水力发电大大满足了人们的生活生产供电需求。但同时，水利工程改变了河流原有的水势结构、水量等格局，造成了水位的不合理管控，对上下游生态系统威胁巨大。再加上大量的水污染，破坏了生态环境，也会影响人们的生活。

三、水利工程生态与环境调度的研究现状

早在 20 世纪 80 年代，国外就已经开展了关于水利工程对生态与环境不利影响的研究。欧美一些发达国家开展了大量的鱼类生长繁殖与河流流量的关系的相关研究，得到了许多完备的生态流量的计算方法。他们将此运用到生态调度上，在保证航运、发电等重要功能的同时，改善区域水质、水生物生活环境等等。国内的研究相对较晚，但随着经济社会的快速发展，可持续发展的理念不断深入人心，国内对生态调度的研究越来越多。我国水利工作者在发挥水利工程的生态功能，减轻水利工程对生态与环境的不利影响方面进行了探索与研究。特别是在长江流域与黄河流域的研究尤为深入，例如小浪底工程、三峡大坝以及万家寨水利枢纽的联合调度，就是我国对生态与环境调度研究应用的最鲜活的例子。总体来说，我国的生态调度研究还只处于宏观上，在微观上的研究还很浅，所以我国在调度研究这条道路上还需继续走下去。

四、水利工程生态与环境相关技术

（一）河流生态健康指标

河流健康是指河流的生机与活力，河流所具有的正常功能和作用。人类需要健康，河流也不例外，健康的河流是人类可持续发展的重要保障，我们没有必要因经济发展而离开"纯自然"的健康河流，创造一个自然和谐的社会是必需的。河流健康指标是河流管理的重要评估工具，也是生态与环境调度的基本保障。人类如何合理地开发河流，离不开一套参考标准，将现实河流的生态情况与标准进行比较，做出评价，科学地进行开发工作。河流生态健康标准主要有五个方面：水流、水质、河岸带、水生生物和物理结构，这些指标组成一个完整的系统。

（二）水库调度运行技术

水库是调节径流、实施水资源调度的重要工具和技术设施，在水资源系统运行调度中占重要作用。水库调度是合理利用其工程和技术设施，在对入库径流进行经济合理调度，尽可能大的减免水害、增加发电和综合利用效益，以实现水资源的充分利用。水库调度可分为：跨流域的水库群联合调度、流域内水库群联合调度和单一水库调度等等。水库调度技术十分复杂，例如水库泄流技术，以河流的需水研究为基础，进行选取增大上下泄洪量，以达到保证水库用水需求的目的。水库调度运行技术将数学模型与物理技术相结合，实现生态环境与水库基本功能协调发展。

（三）社会经济分析

水利工程的生态与环境调度分析主要以生态经济系统为分析对象，应实现经济利益最大化，所以进行社会经济分析是必不可少的。经济效益有很多种，水利工程造成的水污染、生态破坏，实施生态与环境调度给水利工程建设带来的影响等等。

水利工程是水资源有效利用的重要保障设施，它一定程度上防止了洪水给人们带来的灾难，大量的水力发电给人类的生产生活提供了足够的供电需求。但在大力发展水利工程的同时，河流湖泊的生态环境正在遭受着威胁，工程的实施改变了原有的地貌、河流流量等等，对气候、水生物以及人类造成了不利影响。开展生态调度是必需的，通过合理的、科学的调度措施，使人类与自然和谐进步，创造可持续发展社会。

第四节　评价水利工程生态环境影响

在人们对生态环境日益关注的今天，系统分析水利工程的主体生态系统，在分析真实数据的基础上，建立水利工程生态环境影响评价指标体系，对于水利工程生态环境作用非常大。

　　生态环境是人类生存、发展的基本条件，由于水利工程建设的加快，它成为经济社会发展的基础，对于保护和建设好生态环境，生态环境的稳定性发展是可持续发展基础，水利工程的建设，是人类赖以生存的自然环境条件，是经济发展的前提和保障。为了更好地利用水资源，水利工程的建设以科学发展观指导经济建设，实现可持续发展成为环境科学研究的重要内容，以科学发展观指导经济建设，具有重要意义。

一、生态环境评价

　　生态是指有机体与环境之间的关系。要研究水利工程，要保持我们的良好的生存条件，就要研究生态环境。它是由各种自然要素构成的自然系统，随着人类文明的进步，自然生态环境是在人类的影响下，协调日益突出的发展与生态环境保护，生态环境影响评价的基本对象是生态系统。水利工程是国民经济的基础，是实施可持续发展战略以及人民生产、生活赖于顺利进行的基础，加强对水利建设项目作用认识，实现水利工程建设项目投资决策科学化、民主化，反映水利工程项目对社会产出的影响。与此同时，对水利工程项目进行科学的评价与分析，强调环境因素的作用，保证水利行业在经济社会环境协调，就必须建立指标体系和评价方法。

　　现在，行业专家特别重视生态系统格局指标的研究，生态环境影响评价还是污染控制的思路，具有综合性、复杂性和动态性。它涉及生态学，要分析生物与环境相互关系，从经济学角度来研究由经济系统和生态系统，关系到可持续发展战略，要求彻底改变传统的高投入、高消耗，包括资源、人口、经济、环境等各方面，强调要从粗放型转到密集型、强调资源配合，制定适合经济发展的环境保护政策和规划，必须与自然的承载能力相适应，及至系统控制论。

　　生态环境影响评价的指导思想综合整体的思想，根据水利工程所具有各自的特殊性，生态环境影响评价是水利工程规划重点。生态环境影响评价涉及水利工程方方面面，要正确认识环境的范围、内容和功能，必须以整体观念认识和解决环境影响问题，正确选择评价参数和质量标准，在制定优化方案和污染防止方面，选取的环境评价要素及其评价参数，应该是技术上可行、经济上合理、效果好。要从战略层次评价水利工程开发活动，从可持续发展的角度考虑内部功能布局的合理性，还要采取极端保护原则。

二、生态环境影响评价的特点及任务

　　我们要保护自己的家园，爱护自己的生命之源——水。因此，水利工程建设和实施后产生的影响深远，涉及自然和人类社会的各个领域，如地域上、空间上、时间上的范围，包括对社会生活、生态与自然环境的影响。水利工程开发建设一般都是逐步梯级，影响区域的环境影响评价内容多，在生态环境影响方面，涉及规模、性质、布局的合理性，而环境影响评价具有一定的不确定性。评价时序的超前性是建设活动决策不可缺少的参考依据，系到区域内人们生活质量的提高，合理布局和建设补偿保护工程，因此生态环境影响评价越来越重视。

生态环境影响评价的任务很多，包括保护生物多样性，如避免影响濒危物种；保护生态系统的整体性，如生物组成的协调性；保护特殊性目标，如保护脆弱的生态系统和生态脆弱带；注意解决区域性生态环境问题，如沙漠化问题；强调保护脆弱是环境和濒危物种，保护生态系统的再生能力等。决社会、环境问题，有利于工程合理布局，最大限度地减少对区域自然生态环境的破坏，有利于可持续发展。

常用的评价方法有对比方法和综合评价。

三、指标体系原则

针对某个具体水利建设项目，指标体系是生态环境综合评价的根本条件建立一个具有科学性、完备性及实用性的，具有合理的评价的基本尺度和衡量标准，模糊层次综合评价指标体系，并且明确不同的区域人类生态的构成是不一样的，是一件复杂而又困难的工作。应从整体最优原则出发，建立评价指标体系，综合多种因素，确定项目的总目标，这包括初步拟定、专家评议筛选及确定阶段。

根据已确定的主体生态系统，通过系统分析，确定制约生态环境质量的限制因子，初步拟出评价指标体系后，可采用信息统计法、专家打分法，进一步征询有关专家意见，确定主导因子，以最终确定指标体系，它涉及以后评价的环节的准确性。

评价指标体系确定的原则要全面衡量所考虑的诸多环境因素，评价指标的确定要具有一定的代表性，明确地反映系统与指标之间的相互关系，要能在我们努力的范围之内，必须全面真实反映各个侧面。确定指标力求简洁，含义清晰明确，各指标之间相互独立，又相互联系。指标体系的设计必须建立在科学的基础上，指标体系具有层次性，反映地区可持续发展目标的构成，要求评价结果在时间上现状与过去可比，展示内在发展规律，具有很强的现实操作性。

水利工程生态环境质量评价有其特殊性，根据它影响评价涉及的内容，保障自然生态环境系统的服务功能，满足区域可持续发展对生态环境的要求，使人类不因环境质量的变化而受到危害，能而应根据地域特点科学地选取。必须对参评因子进行量化处理，定性指标的分析与估价可采用专家咨询、打分的方法来解决。

四、指标体系评价因子生态环境影响标准及模型

从影响生态环境质量的因素出发，首先要分析生态环境系统状态，在顶极态的生态环境系统中，在最佳态具有最大产出贡献的生态环境系统，呈现的现状状态，现状态的生态环境系统是我们应该确定的具体指标体系。

评价标准名称众多，内容也互不相同，有利于促进区域社会经济与农业生产，反映生态系统结构和运行特征，保障人群的身体健康，能满足区域可持续发展对生态环境的要求。评价工作不宜采取统一的标准和指标值，应考虑未来的环境功能需求，如山区的植被盖度应高于平原地区。生态环境影响评价标准可以根据行业标准指行业发布的环境评价规范、选取与我国现阶段发展程度相近的国家标准，以工作区域生态环境的背景值和本底值，以类似条件的生态因子和功能作为类比标准，科学研究已判定的生态效应。

必须要对参评因子进行量化处理，在数据收集过程中，量化处理的方法多种多样，应注意指标体系中给出的定量指标，与相关部门进行调查收集。可以根据具体情况适当增减评价指标，要注意指标数据资料的时间性问题，要注意减少指标的数量要适当，根据分析评价的内容、要求，主要指标不能减，注意所收集资料的数据的时间的同一性。反映环境状况从劣到优的变化，首先，把环境质量标准分为五级，算出各个因子对应的质量值，行标准化处理得出各评价因子指标值。在实际工作中寻求可行的定量计算方法，指标的定性分析基本上是采用文字描述，使得指标大多限于定性的描述和总结。结合评价标准给出指标的环境质量值，用统计分析方法确定各项指标评价标准。还可以采用专家打分法，另外，集值统计是经典统计和模糊统计的拓广。要充分地利用评价过程中的信息，用以反映评价者对指标的把握程度。

利用环境质量指标给出粗略的标定，评价水利工程生态环境影响评价模型，应试图使人的思维条理、层次化。这比如运用层次分析法进行评价，要建立多级递阶的结构模型，根据评价尺度构造判断矩阵，以上一层次的要素作为评价准则，通过两两比较元素相对重要性，然后需要对其进行一致性检验。接下来按照改进标度构造的判断矩阵，进行层次单排序和层次总排序，在客观条件下作出比较实际的评价。要注意各指标在决策中的地位是不同的，在具体进行方案综合评判时确定次准则层数据，确定对象集、因素集、评语集，根据工程影响的性质和大小，求出准则层数据。编制计算程序解决评价模型中的计算，实现能源资源的优化配置，使水利工程生态环境影响评价有实用价值。

第五节　水利工程生态环境监测指标体系

在水利工程建设过程中，通过水利工程生态环境监测指标体系的构建和落实，可以让其生态环境得到有效保护，这对于我国资源节约型、环境友好型社会的建设具有重要意义。本节首先对水利工程生态环境监测指标体系构建原则做出阐述，然后结合实际情况，提出几点水利工程生态环境监测指标体系构建意见，希望可以对业内相关工作的开展起到一定参考作用。

生态环境监测主要指的是应用生态学的理论知识、技术方法，从多种角度度量各种类型生态系统结构以及功能时空格局，对生态系统具体条件变化进行全面监测。在过去水利工程建设中，其周边生态环境可能会受到不利影响，这不利于我国环保事业、生态社会建设事业的发展。

一、水利工程生态环境监测指标体系构建原则

（一）科学原则

在水利工程生态环境监测指标体系构建中，需要明确此工作具有较高的复杂性，需要考虑多个方面，所以应严格遵循科学原则。具体应做好以下三方面主要工作：①要求明确。需要保证评价指标所针对的属性具有明确性、具体性，指标定义和制定意义具有明确性，在确立指标时，应做好科学、全面佐证工作，让生态环境客观现状得到有效反映，以直接指导水利工程周边生态环境的保护工作和改良工作；②要求标准化。需要确保指标评价可以得到社会各界广泛认可和接受，为该生态环境监测指标体系的落实奠定基础；③要求可量化。应确保指标要求具有可量化性、客观性，可以利用数理统计方法来让指标变得更为明确，让该标准合适性得到进一步提升，让分析工作得到有效开展。

（二）实用原则

考量世界各国的水利工程生态环境监测评价体系以及我国过往水利工程生态环境监测评价体系，如果此类体系并未取得良好的应用效果，其主要原因往往是体系缺乏实用性，因此，需要遵循实用原则，具体应做好以下三方面基本工作：①增强指标普适性。在构建指标体系过程中，需要保证参考样本的多样性，确保该体系具有较广的应用范围；②保证指标可监控性。在构建评价指标体系过程中，应确保指标可控性，如对于生物复杂度这种指标，就可以适当对其予以有效规避；③提升指标精简性。水利工程环境生态因素包含多种类型，在制定具体监测指标时，应提升指标精简性，保证不会因繁多指标而为水利工程施工造成过大限制。

（三）充分原则

在水利工程生态环境监测指标体系中，应确保其具有充分原则，可以涵盖对水利工程周边生态环境具有代表性的多种因素，具体做好以下三点主要工作：①提升指标客观性。需要确保评价指标和实际情况相符，在采集数据信息过程中，需要确保其具有公正性、客观性；②提升指标相关性。应确保评估工作和主体目标具有密切关联，同时应明确水利工程生态环境中各个因素之间的密切联系，提升指标之间的相关性，并对其进行有效约束，对于联系密切性相对较差的指标来说，可以对其进行适当舍弃；③提升指标预见性。应在构建指标监测体系中考量水利工程未来修建以及修建完成后生态环境受到的影响，让体系对未来工程周围环境保护事业发展起到指引作用。

二、水利工程生态环境监测指标体系构建意见

（一）适应我国国情

现阶段，我国正处于"稳中求进"的发展阶段，水利工程建设是社会经济发展的重要支撑。对此，水利工程生态环境监测指标体系对于水利工程的发展会在一定程度上起到约束作用，但与此同时，其对于社会整体的可持续发展又具有较为长远的意义。因此，需要对当下社会发展、建设需要以及未来可持续发展、环境保护进行全面考量，避免因过分追求生态环境保护而让发展契机丧失，避免因过分地追求社会经济发展而让生态环境牺牲。

（二）明确构建方法

生态环境监测指标确立方法包含多种类型，其中层次分析法得到了较为广泛的应用，在应用层次分析法时，其主要步骤可以分为以下四点：

1. 主层次结构建立

不同区域生态环境、不同时期生态环境具有不同的构成部分，在水利工程中，区域生态环境往往会受到一定时间段建设项目的影响。对此，在建立指标体系主层次结构时，可以以建设时期为核心，之后依照建设时期影响建立层次结构，在时间层面上反映其生态环境具体情况。

2. 层次类别构造

依照主层次结构的建立，可以对生态环境质量受到制约的影响源进行分析，对生态环境监测主要类别进行确认。就目前来看，在水利工程生态环境监测中，其主要可分为生态环境、大气环境、水环境、社会环境以及声环境这几个主要方面。

3. 层次指标确立

依照层次类别，分析水利工程建设中出现的对生态环境质量造成制约的因子，可以对监测指标进行有效确认。制约因子因工程时期的不同而出现变化，监测指标也会随之变化，依照监测工作为实现的目的以及需要条件，可以将层次指标划分为常规型、优先型以及选择型。

4. 层次总排列

利用层次分析方法，可以依照最高、中间到最低的顺序对监测指标体系完成排列工作，值得注意的是，在初步排列完成后，应积极吸取生态环境保护、水利工程建设专家的意见，筛选指标体系，让其排列、构建变得更为完善。

（三）选择监测技术

在水利工程生态环境监测指标体系的落实过程中，监测技术选择的合理与否会直接影响其落实效果。因此，需要积极使用先进、成熟的监测技术，吸取国内外优秀案例中的监测经验，并和自身水利工程生态环境特点进行结合，让监测技术以及监测具体方法得到有

效实施，确保监测方案确立得到最佳效果。现阶段，生态环境监测方法及技术主要包含地面观测方法、专项试验法、RS 技术、GPS 技术、GIS 技术等。在具体应用过程中，可以针对自身所需联合使用多种技术方法，保证生态环境监测人员可以对监测对象属性进行全面分析，可以对整体环境情况做到宏观了解，对某一因子影响情况做到详细描述，并对未来发展变化进行有效预测。

综上所述，遵循科学原则、实用原则以及充分原则，在保证水利工程生态环境监测指标体系构建适应我国国情的前提条件下，通过明确构建方法、选择监测技术，可以保证该体系构建的合理性，为水利工程生态环境起保护作用。

第六节 水利工程生态环境影响评价的指标体系

水利水电工程是人类改造自然、利用自然的典型工程，现阶段受施工水平的限制，在水利工程施工过程中，会造成自然生态环境破坏，在实际施工过程中，应建立生态环境影响的评价指标体系，对环境损害情况进行评价，采取相对应对策。本节对国内外生态环境影响评价方法及原则进行了阐述，结合我国水利工程建设现状，构建了评价指标体系的原则方法，为我国生态环境建设服务。

生态环境影响评价体系是现代工程施工中的重要组成部分，对于水利工程这样一种工程体量较大的建筑工程而言，在利用水能资源的同时不可避免的会对自然形貌进行改变，从而打破工程所在地的原有的生态平衡，生态环境影响评价体系的引入旨在对工程造成的环境影响进行监督，并根据破坏程度采取相应的修缮，以尽可能地减少人为因素对环境的破坏。目前欧美等发达国家已经建立起了完善的生态环境评价体系，在水利工程的施工过程中，能够很好地平衡人与自然的关系，做到人与自然和谐相处，生态环境影响评价体系的完善程度从侧面反映了工程的施工管理的能力，我国在这个方面还存在一定的欠缺。本节通过借鉴国外发达国家的评级体系现状，提出了一些适用于我国的环境影响评价体系构建原则，以期提升工程的环境保护程度。

一、国外环境影响评价体系现状

欧美等地区的发达国家早在 20 世纪 80 年代就意识到了水利工程对可能对环境造成的严重破坏，并逐渐完善了一系列生态环境影响评价体系，经过近 50 年的监督与治理，生态环境得到了逐步的恢复，新建的水利工程也具有较高的自然和谐度，对环境破坏较小。以 1998 年英国出台的环境保护体系为例，此项体系通过监督三十多个属性，将评价指标划分为六大标准，其中包括自然性、稀缺性、显著性、多样性、丰富度、特殊特征性，通过多年的完善与评估，最终基于此项体系，建立了著名的 RIVPACS 河流生态监督体系；

1992 年澳大利亚也推出了河流健康状况评估管理体系，旨在对现有河流生态情况进行了解与治理；除此之外，非洲等国家也建立了水利工程生态影响评价体系等，以保护当地的生物多样性为基础，以服务于人类宜居地建设为目标，至今以创造了巨大的经济与环境效益；1992 年日本国土资源与环境保护部门共同颁布了《大坝建设工程环境导则》，对以大坝水库为主的水利工程施工过程中所需注意的环境保护问题进行了详细的阐述，并以意见的形式提出了环保施工的要求，在施工单位的积极响应下取得了良好的效果。随着环境保护理念的不断深入，世界上已经有越来越多的国家建立了水利工程生态影响评价的指标体系，我国至今尚无具有广泛适用性与强制力的指标体系，因此应及时进行补充。

二、水利工程生态影响评价指标体系的构建原则

水利工程通常较为复杂，涉及的方面众多，不同部分对生态环境的影响也不尽相同，为了能够确立构建水利工程生态影响评价指标体系的目标，需要首先确立构建评价指标体系的原则，通过参考国外发达国家的评价体系中心思想，结合我国工程与生态、人文情况的实际现状，将体系的构建原则总结为以下几个部分。

（一）实用性原则

从一些国外的失败案例可以看出，水利工程的生态环境影响评价体系无法最终实施下去的最主要原因是体系偏离实际，具体情况有以下几点：①指标过于繁多。考虑到环境生态因素的多样性，在指标的制定过程中，有时会通过增加指标的方式以求评价体系的完整性，但是在实际应用中发现，过多的评价指标给工程施工造成了巨大的限制，在重重压力下，评价体系以失败告终。②指标难以监控。在评价体系的建设过程中，有时会为了追求评价工作的有消息，设立一些难以进行监控的指标，如某地区的生物复杂度，这些难以监控的指标都有着相似的特点，即监控成本过高或无法控制误差，造成指标失实。③指标不具有普适性，在指标的建立过程中，参考样本过少会导致指标不具有普遍适用性，造成评价指标的使用范围过窄，无法推广使用。参考失败案例发现，理想的评价体系应当首先具备实用性原则，即在合适的成本、可操作的情况下达到能够普遍适用的效果，且得到社会各界的认可。

（二）科学性原则

水利工程生态环境影响评价体系的构建是一个复杂的工程，有考虑的方面众多，评价规则修订的过程中需要具备科学性原则，科学性原则需要满足以下几点要求：①明确性要求。明确性要求指的是评价指标必须针对具体的的属性，指标定义和制定的意义必须明确，且指标的确立能够得到科学的佐证，可以明确反映出生态环境的客观现状，并对保护、改良水利工程周边生态环境有直接的指导性作用。②可量化要求。可量化要求是指评判的指标应为客观的、可以通过数理统计方法进行明确统计的指标，通过量化统计，便于找到合适的标准，开展分析工作。③标准化要求。标准化要求是指指标的评价过程应当遵循某一

被各界广泛认可的标准，使评价指标最终能够被社会各界所接纳，提高认可程度。科学性原则的确立旨在提升水利工程生态环境影响评价体系的客观程度，以提升评价效果。

（三）独立性原则

考虑到水利工程生态环境影响评价体系涉及生态环境的多个方面，需要衡量的因素众多，为了能够降低评价工作的强度，提升评价工作的可实现性，这就需要对评价指标与过程重复、相近的指标进行合并或删减，保证指标具有一定的独立性，比如，考量水利工程周边森林环境中某物种分布情况时，物种个体数量与群落数量属于相似指标，在评价时应当予以合并，以减少评价工作的负担。独立性原则的设立在于提升评价体系的可操作性。

（四）充分性原则

为了能够达到良好的评估效果，评价的标准应当涵盖足以代表生态环境的多个因素，这就需要满足充分性原则，做到充分性原则还需要满足以下几点需求：①客观化要求。评价指标需要翔实，但不应脱离客观，在标准的制定与分析数据的采集过程中，应当尽可能地避免人为因素对结果的干扰，做到客观与公正。②相关性要求。充分的评估不应当脱离主体目标，考虑到生态环境系统的环环相接，水利工程建设对生态环境的影响可以扩展至相当大的范围内，因此，在满足充分性原则的同时，需要对评价体系中各个指标的相关性进行约束，对于缺乏直接联系或密切联系的指标，应当及时舍去，以确保指标的精炼。③预见性要求。满足充分性原则应当不仅仅着眼于现在，还应当对水利工程修建完成后，在未来一段时间内可能产生的影响进行有效预估，确保评价体系除了对生态环境的现状进行有效评判外，还可以对未来的发展提供一些指引。

三、构建水利工程生态影响评价指标体系的意见

（一）适应我国国情现状

我国目前处于快速发展时期，社会发展对水利工程的依赖程度较高，急需建设大量的水利工程以满足农业、工业、人民日常生活等方面的需要，水利工程生态影响评价指标体系的构建会在一定程度上限制水利工程的发展，但考虑到其对可持续发展的生态环境建设的长远意义，应当充分折中环境保护与社会发展的需要，不可因过分地追求社会发展速度而牺牲环境，同时不可因过分地追求环境保护而丧失目前社会发展的良好契机，在评价指标体系的构建过程中，应当时刻明确指标制定的核心目标，即更好地服务于人民生活水平的提升，因此，水利工程生态影响评价指标体系应当作为工程建设的一个补充，起到维护环境稳定的效果，不应当成为限制工程发展的枷锁。

（二）长远化的指标制定理念

纵观世界各国的水利工程生态影响评价指标体系发展情况，一般从提出到成熟要经过近20年的发展，且随着时代的变迁，评价体系还在不断发生变化，在我国追求发展高速

度的大背景下，水利工程生态影响评价指标体系的构建期望能在短期内实现，但从有效性和实际性的角度考虑，一蹴而就的评价体系建设将不利于我国水利工程生态影响评价指标体系的健康发展，体系的建立过程需要通过充分的调研与验证，在摸索中逐渐形成一套具有我国特色，满足我国自然环境实际需求的评价体系。在借鉴国外评价体系的过程中，也应当用批判和发展的眼光对待，拒绝一成不变的理念，在一个充裕的时间内，构建出能够行之有效的水利工程生态影响评价指标体系。

我国水资源丰富，水利工程众多，且随着社会的发展于人民生产生活的需要，水利工程的建设还在不断的推进中，但是考虑到水利工程对环境造成的巨大影响，为了追求可持续发展的目标，需要构建水利工程生态影响评价指标体系，以对水利工程建设造成的环境影响进行监督与改善。本节参考国外发达国家的成熟指标体系，结合我国现状，提出了以实用性原则、科学性原则、独立性原则、充分性原则为指导，建立符合我国实际情况的水利工程生态影响评价指标体系，并对指标体系的构建提出了一些意见，以期更好地完善体系的建设，在未来的工作中，还应当进一步借鉴国外发达国家的理念，将其应用于我国实践工作中，更好地为我国环保事业的发展贡献力量。

第七节　水利工程建设与保护生态环境可持续发展

现阶段，为了强化工程项目建设和生态环境关联，需要加大水利工程建设。在新时期背景下，需要加大环境保护的力度，实现生态环境的可持续发展。本节首先分析了水利工程建设与保护生态环境可持续发展之间的联系，其次阐述了水利工程建设对保护生态环境可持续发展的影响，最后提出了生态环境保护可持续发展的具体路径，希望能为相关工作人员提供一定的理论参考，只有这样才能更好地解决发电项目、调蓄洪峰项目存在的弊端。

水利工程项目的快速发展其对生态环境产生了不小的影响。一直以来，中国的生态环境面临的形势较为严峻。尤其是近年来，在经济技术的推动之下，人们过度地开采自然资源，忽视了生态环境所能承受的范围，打破了生态环境平衡。基于此，要站在生态环境保护可持续发展角度进行分析，实现经济发展和环境保护的双方共赢，以便更好地进行水利工程建设。在平原水库建设过程中，应该加大水利基本建设工作，进行平原水库的建设工作，解决基础的用水需求，针对已建成的平原水库，需要进行及时的养护，做好平原水库的统筹规划，加大水库的运行管理工作。

一、水利工程建设与保护生态环境可持续发展之间的联系

通常情况下，加大水利工程建设，一方面，它能有效地解决水资源短缺问题，优化水资源的管理效果，集中解决水资源分布不均匀的问题，规避自然灾害。在满足自然条件的

基础上进行环境综合因素的分析，确保参建方案符合实际情况。大多数的水利工程建设项目主要是对地下水、地表水进行全方位的调控，能够满足区域可持续发展的客观需求。在某种程度上，水利工程建设是在生态区位结合生存和发展的基础，不仅能够完全地抵御自然灾害产生的威胁，而且能够对资源项目进行合理化使用；另一方面，在水利工程建设项目实施过程中，也能有效地解决水资源分配不均匀的问题，在运维管理和模型之间建立行之有效的控制措施，根据区域的自然条件、人文要素，制定科学的管理框架，减少人为破坏。

二、水利工程建设对保护生态环境可持续发展的影响

目前，加大水利建设在提高自然灾害防御能力的同时，能有效地削减洪峰洪水，降低自然灾害的危险程度以及发生的频率。在水利开发工程建设时，水电是一种可能可替代的化石燃料。它和传统的火电站相比，能够减少对环境产生的破坏，降低设备的运输压力。因此，水利枢纽渠道在水利工程建设中扮演着重要角色，它有水库调节的作用，有效地增加枯水期的下泄流量、提高自身的自净能力。

然而，在进行生态环境保护过程中，由于绝大部分的河流水库成为设计工程作业的必经之路。因此，在大气自然的作用之下，会使区域降水增多，引起泥石流和地下水过多，在一定范围内出现极端天气和污染。除此之外，它对生态系统有着一定的影响，在进行大型水库建设时，可能改变了河流沿途的河流流域、威胁河流沿途的生态植被以及其他生物的生存环境。

与此同时，加大水利工程建设也会对周围的土地水源产生一定影响，在进行参建过程中，由于建筑原材料以及废弃垃圾会对河流产生影响，掩埋垃圾会对土地的土质产生消极的影响，再加上饵料生物改变水库，水库极端运行会使水分、水质等都发生变化，进而通过影响流域水文生态环境，改变渔业的发展轨迹。值得注意的是，它还会对周围的文物发生破坏，在初期的建设阶段，需要对文物的价值进行预算，避免产生过度的经济损失。

三、在水利工程建设中实现生态环境保护和可持续发展的具体路径

（一）健全法律法规

水利水电工程和人们的生活密切相关，在水电工程项目实施时，应该加大全方位的控制工作，建立完善的法律法规，对整个施工建设过程进行严格的监管，使其有章可循，不能肆意地破坏生态环境。相关的负责人应该强化责任意识，主动承担起保护生态环境的职责，积极地消除负面影响。与此同时，区域部门还需要严格地参照中国的基本国情，探索行之有效的方式，避免水利水电工程建设时产生的成本损失。在必要的时候，还可以制定有效的补偿措施，建立新型的移民补偿机制。

（二）转变传统的思想理念

现阶段，为了优化优化水利工程生态系统，确保在流域范围内促进经济社会健康发展，在项目实施建设阶段，应该强化生态环境建设力度，突出生态环境保护的优势，改变传统的思想理念，在工程建设时，要和生态环境可持续发展进行融合，树立科学发展观，实现人和自然协调发展，这样才能在最大范围内进行工程建设和生态环境进行协调。

（三）强化水土保护工作

目前，在工程建设预约保护生态环境可持续发展过程中，不仅要改变人员的思想理念，健全法律法规，还应该强化水土保护工作，加大项目管控，提升水土保持工作的重视程度。针对生态环境较为薄弱的区域，应该积极地建设实践活动，结合区域的现有资源，实现生态环境和水利工程项目的协调发展，在提高水资源管理水平的同时，落实宏观管理机制，树立全面的环保意识。

（四）建立完的维护体系

在生态环境可持续发展项目落实过程中，不同的技术人员对生态环境保护的理解是不同的，为了强化统筹管理的作用，提高关人员的环保意识，要以强化制度的实效性为主，进行综合的考评工作，以工程建设生态环境保护为主，充分挖掘水利工程建设中的积极意义，构建具有实际价值的运行方案，建立完善的维护体系。在具体的操作中，不仅要结合实际需求，强化项目管理，还需要降低项目开展对生态环境产生的影响，实现项目建设和生产环境的可持续发展，充分挖掘潜在的经济价值。

综上所述，为了充分地发挥水利工程建设对周围生态环境产生的积极作用，应该强化区域水土保持工作，做好水土流失治理，一方面，需要强化资金管理，实现国民环境的保护，建立完善的奖惩措施；另一方面，还需要加大宣传工作，植树造林，以更好地推进区域的经济发展。

第六章　生态水利工程建设

第一节　生态水利工程建设的基本原则

生态水利工程建设是从保护生态环境的角度出发，最大限度地满足经济发展对水资源的需求。在水资源污染严重、资源储备紧张等一系列问题的形势下，贯彻实施生态环境保护这一目标，使传统水利工程改革向生态水利工程转变势在必行。

一、生态水利工程的内涵

生态水利工程是指在新建水利工程在传统概念工程建设的基础上同时具有河流生态系统的修复任务，以及对于已建成的水利工程所影响的河流生态系统进行生态修复任务。生态水利工程要坚持经济发展和生态环境保护相结合的规划理念，平衡经济发展与生态环境保护的关系，以系统保护、宏观管控、综合治理的方式进行生态水利工程建设，保护水资源的安全，促进河流生态系统的良性循环。

二、水利工程建设对环境的影响

（一）水利工程建设对河流生态环境的影响

水利工程建设后通常会改变河流的生态环境系统，影响河流生态环境特有的多样性。在天然的河道上修建水利工程，会导致局部河流的水深和含沙量发生改变，使得水流速度减缓，降低水流和外界环境交换的频率，降低河流的自净能力，对水质产生不利影响。同时，水利工程修建的拦河坝会增加水域的面积，提升河流储存的热量，影响河流下游鱼类的繁殖，此外，由于水域面积增大，蒸发进入大气层的水汽含量增多，降水量也随之增加，致使河流附近空气湿度增加，大雾天气频发，改变了原有的气候条件。

（二）水利工程建设对陆地生态环境的影响

由于在水利工程建设中大量耕地以及林地，造成植被破坏严重，生态环境系统紊乱，影响周边动物的生活环境，破坏了原有的生态系统，致使周边动物被迫改变原有的生活习惯或者进行迁徙。

（三）水利工程建设对社会环境的影响

水利工程建设对于社会环境的影响主要涉及水域淹没区域的和沿岸土地占用，即淹没区域内和周边居民的迁徙安置，以及文物古迹的保护与搬迁问题。大型的水利工程建设之前要充分地考虑土地、房屋的淹没拆迁安置，以及<敏感词>的迁移、生活保障和水利工程建设运营后的经济效益等一系列问题都需做好事前规划，以确保水利工程建设的顺利实施。

三、基本原则

（一）安全性与经济性原则

生态水利工程建设的安全性和经济性是建设原则中的首要原则。首先，在进行生态水利工程建设施工方案的制定过程中，要做好对当地生态环境的时间考察，并对当地的地形、地貌以及当地气候、河流形态等因素进行系统记录和科学地分析。其次，将水利工程力学和水文学的相关规律有效结合，保证水利工程能够承受住洪水、干旱等自然因素的影响。最后，在生态水利工程建设过程中要按照最小风险、最大利益的原则，将多种设计方案进行比较分析，降低生态水利工程的风险。

（二）生态恢复原则

对于生态环境修复功能，首先，应该将重点放在生态景观大尺度。其次，生态系统的修复不仅包括水域范围内的河流生态体系，同时还要考虑周边的陆地生态环境；不仅要考虑到河流水域自身生物多样性的恢复，还要包括外来物种的多样性的恢复。生态水利工程的建设要对当地的水文条件和生态环境进行实地考察，全面掌握河流形态和生态环境的多样性，运用新的工程建设理念，为生态多样性提供实行的可能，提升生态系统的自我恢复功能。

（三）整体性原则

河流的生态系统具有整体性，会因为降水量变化和气候变化等因素而发生变化，因此，在进行河流水域生态系统的修复管理过程中，要以长期大景观尺度作为生态环境自我恢复的基础，拒绝使用短期小尺度范围作为生态环境自我修复的基础，而大景观尺度作为生态系统自我修复的基础具有修复效率高、成功率高达的优势。因此，生态系统的恢复不仅针对河道的水文系统修复，而且要对河流水域生态系统进行整体性的综合修复。

四、具体策略

（一）加强生态空间管控的约束作用

由于水利规划的约束机制较弱，致使水利工程建设出现了工程入河排污口的规划布局不合理、生态用水和生态空间被占用等一系列的问题。因此，要加强水利工程实施过程中深度贯彻国家生态文明建设的新理念思想战略，全面更新水利规划的相关内容，积极发挥水利"多规合一"空间规划的核心作用，强化生态环境保护约束。

（二）制定建设标准体系

根据生态理念建设的要求，全面革新水利工程规划建设的标准体系，加强推广新技术、新工艺、新材料新管理运用等要素的力度，提升生态水利工程建设的质量和效益。转变传统水利工程追求利益最大化的建设理念，将保护生态环境、修复生态系统作为水利工程建设的首要目标，降低资源消耗和生态损耗，引导水利工程承担生态系统保护的责任。

（三）推进已建水利工程的生态提升

首先，评估已建水利工程与生态环境保护之间的差距，按照确有需要、因地制宜、量力而行、分步实施的原则进行以建水利工程的生态改造；其次，根据水利工程生态修复提升改造的标准，将已建工程按照无须改造、生态化改造等类别进行标准划分，针对性地修复生态受损系统，减缓已建工程对河流水域生态系统以及生态功能的影响。

（四）提升监控力度

充分利用互联网、大数据等现代信息技术，加大生态水利工程的监控和力度，完善修复生态水利工程的监控体系。通过搭建水利工程信息平台，完善河湖生态流向信息监控体系，提高水电站等基站的生态调度管理水平，将生态水利工程有效落实。强化水利工程领导层的生态经济理念，以生态环境保护的理念管理水利工程，实现生态水利工程的最低消耗、最大效益的基本原则，促进人与自然和谐发展。

综上所述，由于传统工程水利对生态环境的影响比较大，环境问题日渐严峻，因此生态水利工程更加符合社会经济可持续发展的要求。生态水利工程是保护生态环境功能和修复生态系统的迫切需要，正确处理好水利工程建设与生态环境保护的关系，对河流生态环境恢复有着极大的意义，能够有效地促进社会经济的可持续发展。

第二节　水利工程生态河道的建设与施工

近年来，随着我国经济水平的不断提高，人们的生活质量也在逐步提高，因此，人们在日常的生产生活中，对于水资源的需求量也就越来越大。但是，由于过去人们对于水资源以及生态环境的保护意识较差，导致我国大量的水土资源开发不够科学完善，导致我国较多的水资源受到严重的破坏。河道本身就是生态环境的重要组成部分之一，随着科学技术领域的不断进步，各种新工艺和新材料不断进入施工领域，给施工建设越来越大的施展空间，也对生态环境带来更多的问题。由于河道建设的基础来源于自然环境、生态河道建设和发展，更接近自然环境，需要根据具体的环境特点进行渠道建设，保留自然特色和生态特色，把建设环境与经济发展环境建设相结合。

生态型河道建设为河道治理提供了一种新思路，不仅能改善河道水环境，促进河道生物多样性，还能美化城镇和乡村，促进城乡和环境的协调发展。

一、环境生态在河道治理工程中的重要性

河道治理是传统实用工程，是活跃的领域，自 20 世纪 70 年代起水利工程与河流生态系统有着紧密的关系，也引起了国际科技界的广泛重视，成为环境领域中的重要话题。生态水利指的是以生态企业管理为中心，以生态平衡要求与法则为中心，基于生态角度对水利工程建设进行研究，能够实现水资源的循环利用，构建良性循环体系。提高河道治理水平，满足人类的多元化需求，必须要加强生态环境工程的开发力度，确保生态环境稳定发展。生态水利将人与水土置身于统一的范畴内进行综合考虑，兼顾人与自然的众多利益关系，在生态水利规划以及设计施工过程中应用多元化的方式，有助于丰富河道治理内容。河道治理中应用生态水利能够有效地提高应用效率，改善堤坝结构，控制水源蒸发量，提高水资源的使用效率。

通过选用先进材料有效地改善水利工程性能，减少小型水利工程中的病害，同时有效保护水利工程的多样性生活环境，构建和谐生态环境。在河道治理工程中应用生态水利系统，能够避免在建设中存在系统破坏以及环境污染问题，将环境保护与经济效益有效融合，切实取得良好的发展效益。

二、生态型河道治理的原则

按照习近平总书记提出的"节水优先、空间均衡、系统治理、两手发力"新时代治水工作方针要求，以改善环境质量为核心，以解决河道治理中突出问题为重点，本着河道保护、治理、修复和恢复的理念，大力推进生态河道建设。因此，在生态型河道在建设过程中须遵循以下基本原则：

（一）注重亲水功能，体现人水和谐

工程建设要注重河道潜在亲水功能和服务功能的开发，处理好人与水、人与河的关系，建造相应的基础设施，使河道具有亲水、安全、舒适的特性，营造人与河流和谐相处的环境。

（二）注重自然方式，强化生态化整治

在进行河道整治时，要采取自然的、生态的修复方式，如种植适宜的水生植物，建造沿河两岸绿化带，恢复河道自然生态系统和生物多样性。在河道治理时，应遵循河流的自然演变规律，恢复河道原有的自然形状，不易拆弯取直，形成河道干支流、深潭、浅滩、瀑布相间的合理格局，同时完善生态景观建设。

（三）注重与流域经济社会发展相协调

河道治理要融入当地经济社会发展大格局，结合区域经济定位，对河道进行有助于经

济社会与自然生态环境相协调的整治。统筹城乡住宅、交通、基础设施建设等与自然生态系统相融合，提升河道生态服务功能，打造人与自然相和谐统一的宜居环境。

（四）注重城乡和农村污水收集，截断污染源

在进行河道治理时，要在沿河两岸新建贯通河流上下游的截污干管，并完善收集管网，扩大生活污水和工业污水收集范围，做到应收尽收，提高城乡和农村污水处理率。充分发挥河长制的作用，督促相关职能部门将沿河两岸的垃圾、废弃物等及时清运，彻底切断污染源，防止对治理后河道水质二次污染。

三、生态河道建设的对策

以上的生态环境问题存在于各个河道建设的项目中，对于生态环境而言，其最核心的要素是寻求平衡，因此，只有在河道建设过程中设法维持生态环境原有的平衡性状态，才是对环境的最大保护。

（一）合理使用技术及新材料

在前述的河道建设问题中，关键点在于河道的建设改变了生态原型而在施工中增加生态理念，可以改善这种现状，例如对于没防洪需求的河道，可以采用生态木桩护岸，对于防洪要求较低的河道可以利用预制砌块、加固垫、植物垫、格宾网等设计适宜的驳岸形式。新型材料大多数都具备多孔结构和高透水性，可以更好地适应河道建设，也有利于整体生态环境的物质循环，促进植被更好的生长，而目前这些材料的价格也不高，能够确保投资不会超支。其次在后期维护方面要增加引进适合的生态技术以尽力维持生态现状，如 N 气生态净化技术，就可以形成一种有水生动物和多种微生物共存的复杂生态系统，值得在其适合的河道建设项目中广泛推广。

（二）绿化及景观建设必不可少

在河道建设中尽可能地减少对生态环境破坏的同时，还要尽可能地营造良好的生态环境，也就是要在合理预算控制之内，加大对于项目绿化及景观的建设。从对河岸的保护出发，在对原有植被做最大力度的保护后，还可以因地制宜地增加绿色植物的种植范围和种植种类，如树木、灌木、小乔木等，从景观角度出发，则可以将植被的种植空间进行规划，植被可以采取山高至低的种植方式增加错落感，也可以从颜色出发营造由浅至深的渐变感受，这样不但可以增强防止水土流失的功效，还可以增加河道的美观性；同时可以在河道两侧增加部分与人相关的设施，例如，供路人休息的座椅，供居民与水共处的亲水平台等，这样可以使河道的整体生态环境与周边居民的生活环境有机的联合起来。最重要的是通过绿化和景观的建设，可以进一步地改善河道的生态环境，充分保护河道内生态的多样性，为生物提供更加适宜的生存环境。

（三）统筹兼顾、协同建设

河道建设过程中还需要注重治理周边污染源控制，统筹兼顾，协同建设在企业污水纳管的大环境下，现阶段污水的来源集中在农村生活污水、农业废水和养殖尾水等，若是没有办法削减污染源，那么再好的生态河道建设都无济于事。实施农村生活污水纳管，将放任自流的农村生活污水纳管集中处置后再排放；农业废水也是重要源头之一，要因地制宜的采取措施，通过小型湿地建设，水循环利用等一系列方式，减少农田废水进入河道，削减氮磷入河；对养殖鱼塘进行提标改造，加强水循环利用，增加尾水处理设施，所有入河尾水达标后方可排入。所实施的一切都是为了降低河道的负担，让河道能通过自净来维持生态环境。

（四）建设单位需要加强生态建设的资金预算

生态河道建设在我国还处于公益类型支出，完善的生态河道建设需要投入大量的资金，这就造成多数建设单位难以在预算中增加对生态河道建设的投入诚然，经济效益是需要考虑的，但生态建设是利于环境，利于未来的重要理念，建设单位一定要转变思路，不能仅仅考虑眼前的利益，还要考虑长远的发展，况且如今的生态材料的投入总成本也在随着相关科学技术的发展不断降低，建设单位可以加大资金投入，做好资金管理，确保生态建设能够成为河道建设中的关键一环。

四、生态河道护岸的类型与应用

（一）自然型护岸

自然型护岸，顾名思义，就是护岸材料大多数为天然植物，依靠大自然原有的植被护岸。一般来说，护岸植物以水生和湿生植物为主，种类多且多为软质景观，物种多样性好。自然型护岸具有工程量小、施工简单、成本低等优点，但同时因为植被的根系加筋作用不强，在抗水流冲刷以及抗岸坡稳定方面的缺点也很明显。因此，自然型护岸一般仅适用于降雨少、水位落差小、流量小的河道。当然，由于这种纯自然型护岸适用范围小，抗滑稳定性差，因此，大多数的自然护岸在岸坡种植植被的同时，在坡脚利用木材、石材等天然材料护底。这些材料一般为树桩、竹篱、草袋等再生材料，对原有植被的生态性干扰小，同时，增强岸坡的抗冲刷能力，但是工程量较大且成本较高，可用于河床不平整、冲刷不严重的河段。

对于自然型护岸来说，由于其护岸材料主要以植物为主，所以该种护岸形式有限，常见的护岸形式有：水生植物护岸、植草护岸、植物纤维垫护岸等。

植草护岸。植草护岸是利用植物根系的加筋作用来抵抗水流对河岸的冲刷作用，起到减少土壤流失，改善土壤结构，维护岸坡生态功能的作用。单纯的植草护坡其实无法有效地维护岸坡稳定，所以一般植草护坡通常与其他人工护坡技术相结合，通常的做法是在河底抛石镇脚，或者使用直立矮墙与混凝土方格结合形式护坡。

河岸防护林护岸。河岸防护林护岸是利用树木或竹子发达的根系产生对水流的阻滞作用，减轻水流对河岸的冲刷和侵蚀，同时还能改良土壤，增加土壤的有机含量，增强土壤的持水能力。

（二）人工型护岸

人工型护岸，就是采用钢筋混凝土、金属格笼等人工材料进一步巩固植被护岸能力，同时兼顾护岸的安全性与景观性，可以说是自然型护岸与传统护岸比较完美的结合，适用于各种类型的河道，不足之处就是工程量大且投资较高。人工型护岸将会是今后河道整治工程采用的主要生态护岸之一。对于人工型护岸来说，护岸技术可以分为传统人工型护岸与新型人工护岸。

1.传统人工型护岸

传统人工型护岸，就是在自然型护岸技术基础上，增加一些天然护岸材料或者砌石块和钢筋混凝土结构等，比较常见的护岸技术有木桩植被复合护岸、预制混凝土连锁块体结构护岸和网石笼结构护岸等。

木桩植被复合护岸技术。木桩植被复合护岸技术是在植草护坡的基础上，沿河岸向岸坡底部打入圆木桩，可以有效地抵挡水流冲刷，很好地满足防洪及生态功能，适用于岸坡结构较为稳定的自然河道修复工程。

预制混凝土连锁块体结构护岸技术。预制混凝土连锁块体结构护岸技术是在岸坡放置连锁块体结构，因其结构整体性好，抗冲刷能力强，块体空心处可以种植植被，适用于流量大、冲刷严重的河岸。

网石笼结构护岸技术。网石笼结构护岸技术是在铁丝网笼里装入碎石、肥料和种植土而形成的一种复合式种植基，表面可以种植草木，通常做成挡土墙形式或者台阶状，抗冲刷能力强，可用于流速较大的河段。

（三）新型人工型护岸

新型人工护岸，又可细分为土工复合材料护岸技术和新型植被生长基质。由于土工合成材料强度高、耐久性佳、渗透性强，能很好地与岸坡土体、岸坡植被形成稳定的防护体系。

生态袋护岸技术。生态袋护岸技术是一种柔性生态护岸，能适应变化不均的坡面，装有腐殖土等植物生长基质的生态袋与坡脚石笼共同抵御水流冲刷，是一种复合型护岸技术。

土工格室生态护岸技术。土工格室生态护岸技术常见于河道护岸工程，主要在岸坡上铺设土工格室，格室内填入腐殖土、碎石等混合材料，在格室表面植草，是一种兼具生态景观功能和防洪功能的护岸技术。

三维植被网技术。三维植被网技术是在岸坡表面铺设土工合成网格材料，并在表面种植植被，植被根系穿过网格与土壤牢固结合，利用土工材料的高强度以及植物根系的加筋作用形成岸坡防护系统，具有良好的抗冲刷性能。

生态混凝土。生态混凝土的原理是在保持混凝土抗压强度的同时在其中加入生物基质，且要求混凝土的孔隙率大于25%。这种生态混凝土护岸同时兼具传统护岸的防冲要求和植被的生长要求，具有良好的生态景观功能和抗冲刷性能。

水泥生态种植基。水泥生态种植基与生态混凝土功能类似，是一种由土壤、水泥、河砂、肥料和有机质等组成的多孔性三相结构体，是植物生长的良好环境。

土壤固化剂技术。土壤固化剂技术是在土壤中加入特殊的固化剂，经过物理化学反应后形成三维网状结构，提高土壤的强度与密实度，在保证岸坡植被生长环境同时提高岸坡的稳定性。

综上所述，建立和完善健康的河流栖息地和多样化的生物种群是河流生态系统建设的前提。传统的河流建设方案和工程材料忽视了对河流生态环境系统的维护，导致生态环境系统的退化。所以，有必要探索河流生态环境系统和河流演变的特点，并提出对策，实现生态通道的建设项目，给予适当的自由发展，充分地利用生态环境友好工程材料，为了适当地开展建设项目河道建设工作需要全面引入生态理念，将生态融入建设工程的每一细节中，尽量实现项目与自然的和谐相处，不断地改善优化河道建设的各项技术，最终达到保护生态环境的目的。

第三节　水利水电工程生态堤防的建设

"绿水青山就是金山银山"。为了进一步改善生态环境的现状，避免水土流失现象进一步加深，引入生态堤防设计理念是必要的，只有科学合理的将其引入工程建设中，才能提升我国工程建设的生态水平，切身实际的为我国水利水电工程的发展提供保障。

水利水电工程建设关乎国计民生，对在我国工业和农业的发展有很大的意义。现阶段，受可持续发展理念的影响，生态堤防设计在河道建设中发挥着至关重要的作用，包括恢复河流健康、保障水生物正常的生存繁殖、拓宽城市空间等。但就目前而言，对于生态堤防设计的应用仍然存在诸多不足之处，还需要不断地贯彻与实践生态堤防设计理念。

一、生态堤防的概述及其基本原则

（一）生态堤防的概述

针对生态堤防设计方法，侧重总结了的方案有以下三种：①原生态护岸河堤，具体是在两岸种植芦苇及柳树等亲水性植物，以对河堤进行一定的保护，但是该方案在抵抗洪水等方面难以取得良好的保护效果，因此适用于坡度较缓和的腹地河段；②自然型护岸河堤，实施方法是种植绿色的花草树木，使树木和石头木材等生态材料结合得到堤岸保护体系，该方案适用于坡度较陡以及受冲刷损伤严重的堤岸；③人工型护岸河堤，这种方法主要适用于对防洪需求高的堤岸，常见于自然型护岸河堤并借助钢筋混凝土材料进行加固，该方案在洪水多发区域有着广泛的应用。

（二）生态堤防设计的基本原则

①安全性原则，安全性是工程建设的基础性原则，在生态堤防的设计过程中，需要严格遵守设计标准与要求，最大限度地保护人们的生命财产安全；②整体性原则，生态堤防设计是对河流生态系统上的延伸，生态堤防作为其中重要的组成部分，对整体性原则有严格的要求，即确保生态堤防的设计与原有生态体系的有效结合，共同构建完整的河流体系；③自然性原则，该原则要求在建设过程中不能损坏原有的水土与环境，即在保护环境的基础上，充分利用施工区域的自然环境，从而实现工程造价的有效降低，同时大幅度地提升生态效益；④亲水性原则，指的是在堤防建设过程中，为当地居民打造一个自然舒适的活动场所，便于其近距离欣赏与亲近自然。

二、生态堤防建设现状

对于水利水电工程而言，生态堤防建设则是在此基础上进一步保护生态环境。在实际设计与建设过程中，大部分的堤防工程设计采用种植合适的植物等方法，所用材料多为石材与木材等天然材料，在此过程中需要耗费大量的人力，因此不能对原有的河流生态系统以及周围环境造成破坏，使其在建设完毕后最大限度地发挥价值，实现保护河堤与自然生态的有效统一。

三、水利水电工程中生态地方建设应用

（一）堤线的布置与堤形的选择

在生态堤防建设时，要尽量地避免对自然形态进行破坏，尤其是面临出现分叉的地区，不仅要加大重视程度，更要采取必要建设措施，避免对生态环境造成进一步的危害。要协调好生态保护和治理之间的关系，在保证泄洪问题得到解决的前提下保证生态环境，真正实现河流自身净化功能，为我国良好生态环境的建立奠定基础。

（二）注重防护岸设计的科学性

要想保证生态系统功能的全面发挥，首先要保证防护岸设计的科学合理性，尤其是陆地与水面的结合位置处极其重要，这一结合位的建设，在一定程度上将直接影响生态系统的全面建设质量，甚至直接关乎动植物是否可以实现长期发展。因此，这些区域的设计一定要建立在以科学、合理为标准的基础之上。对以往的同类工程进行分析，其中大部分工程建设均会对河岸造成破坏，所以，在如今的水利水电工程建设中，首先要加大对河岸的保护程度，根据具体情况，采用必要的保护措施，在保证生态系统多样性的同时，加大对动植物的保护力度。

（三）合理设计河流断面

因为河流处于地段以及方位不同，所以不论流速以及深浅都存在一定差异，为了进一步保证河流的多样性不被破坏，首先要注重河流本身所具有的特征，由此在保证生态景观多样性的同时，提升生物群落的数量。在具体设计与施工过程中，要充分地利用各软件技术，利用现代化技术，加大对河道断面的保护力度，充分发挥河道的主导工程，避免单一化问题的出现，以进一步加强河流的多样化程度。

（四）有效利用现代化生态材料

首先，加强生态护坡产品的应用程度，在原来的基础上，进一步保证经济实惠等多方面优势。而在实际应用中，生态护坡的建设要根据施工需求进行具体设计，待平整工作结束后，即可进行铺设土工布阶段，且为了更符合施工需求，在进行铺设时要预留出10cm的空间。其次，吊装工作的质量将直接影响整体施工质量。因此，不仅要采取专门的工具进行吊装，更要按照规定比例进行安装，待安装结束后，即可铺设功能型产品，并用金属板将其进行连接，待连接完成后，最后，依次放入填充物即可。在整体施工过程中，要尤其注重对BSC混凝土的应用，因为这种混凝土相比较于普通混凝土，不仅强度更高且稳定性更高，更能符合施工需求。

总之，生态水利水电工程已成为现代水利水电工程的基本工作要求。水利水电工程的建设，必须综合考虑当地的生态环境制定科学合理的施工方案和保护措施，减轻对当地生态环境的影响和破坏。现代水利水电工程不再是传统的掠夺式、破坏性开发方式，而是以可持续发展为基本原则，追求人与自然的和谐发展。

第四节　生态水利建设促进人水和谐发展

水孕育了人类文明。人类社会的发展史就是人水不断和谐发展的历史。有机论者的自然观朴素地认识到了人和自然的有机统一关系，因而，在这一观点指导下的传统水利既能保证人们对水的合理利用，又能较好地遵循水运行的自然规律，做到了原始的人水和谐，这是人类治水的初级阶段。工业革命以来，伴随着科学的发展，人类开始深入地研究自然界，机械论自然观占据了支配地位，在这种观点支配下的工程水利大大加速了人类对水的利用进程，促进了经济社会的发展，但也造成了对环境的巨大损害。进入20世纪六七十年代，人们逐渐认识到机械论的自然观和工程水利的弊端，开始探索人类利用水的新途径、新方法，这就形成了生态论自然观及其指导下的生态水利阶段。

一、生态论自然观要求人与自然和谐相处，建立良好的水生态系统

追求人与自然和谐相处是当代人类面对生态危机的理性回归。全球性生态危机的出

现，人和自然之间对立和矛盾的激化以及由此引起的国际社会危机，迫切地要求人们要重视人和自然的协调发展。当自然界报复、惩罚人类的时候，我们既不能像悲观论者那样消极无为，甚至想使现代文明倒退回原始蒙昧状态，也不能像乐观论者那样麻木不仁、任其发展。正确的态度是应充分肯定人与自然和谐相处、协调发展，积极地发展人的自觉能动性。为此，我们至少要做好以下几点：

彻底摒弃"人类中心主义"，树立人与自然和谐相处、共同演进的理念。人们必须正确地认识、分析造成人和自然不协调的原因，并及时地、有针对性地制定纠正措施和方案且付诸实施。目前，人们已经开始重视，甚至是从全球战略发展的高度重视人和自然协调发展的问题，这无疑是人类在人和自然关系方面观念上的巨大进步，是人和自然协调发展的良好开端。早在1972年6月5日联合国在瑞典的斯德哥尔摩召开的人类环境会议便是最好的证明。这次大会提出了"人类只有一个地球"的口号，并在通过的《人类环境宣言》中向全世界呼吁："人类业已到了必须在全世界一致行动共同对环境问题采取更审慎处理的历史转折点。人类必须与大自然协同一致，运用知识建造一个更美好的环境，为了现在以及未来千秋万代，维护并改善人类的环境，业已成为人类必须遵循的崇高目标。"

充分发挥人的自觉能动性，且以遵循客观规律为前提，正确处理人的能动性和受动性的关系，并"以自身的活动来引起、调整和控制人和自然之间的物质变换的过程"。人们必须大力发展科学技术，加速发展人工自然，充分挖掘自然界的潜力并重建新的自然生态平衡之环境；加速提高利用自然的工艺水平，变"废"为"宝"，这是构建和谐社会的物质保障。20世纪以来，科学技术发展到现代水平出现了大量的现代科学理论。20世纪中叶前后，爆发了现代科技革命，涌现出核能科学技术、电子计算机科学技术、半导体科学技术、激光科学技术、光导纤维科学技术、空间科学技术、环境科学技术、材料科学技术以及建立在分子生物学基础上的现代生物高新技术等。这些高新技术在以其自身价值和功能影响人类及其社会的同时，对人和自然的协调发展产生了巨大的积极作用，尤其是环境科学技术的诞生和迅速发展，是人类文明的一大进步，它标志着人和自然的协调发展开始或已经迈向了一个新台阶，为人和自然协调发展开辟了新的路径、提供着卓有成效的方法和手段，使人们看到了人和自然协调发展的希望。

加快向循环经济的转换。循环经济就是要求运用生态学规律来指导人类社会的经济活动。传统经济是"资源——产品——消费——污染排放"所构成的物质单向流动的线形经济，而循环经济则是"资源——产品——消费——再生资源"的物质反复循环流动过程。有些国家已建立工业生态园模仿自然生态系统，使资源和能源在工业系统中循环使用——上家的废料成为下家的原料和动力。国内外的调查证实，工业污染物排放的30%～40%是管理不善造成的。按照循环经济的发展思路，德国在GDP增长两倍多的情况下，主要污染物就减少了近75%，达成了经济效益和环境效益的双赢。国外经验已经证明，靠科技进步和严格管理走循环经济的发展之路是可行的。要实现人与自然和谐发展，除了走循环经济之路，我们别无选择。

建立良好的水生态系统，发展生态水利。人与自然和谐相处，发展循环经济，必须有适宜、良好的水生态系统。水生态系统是人类生存与发展的重要载体和物质基础，对所有生命物质的生物化学循环都非常重要。水是生态之基，是生态环境中最活跃、影响最广泛的要素。为此，我们必须发展生态水利。生态水利是生态体系建设的重要组成部分，是生态体系建设对水利建设的必然要求，没有生态水利良好的发展建设就无法实现完整的、系统的生态体系建设。生态水利是人类的文明进步和实现经济社会的可持续发展对水利提出的必然要求，同时也是水利发展建设的最高目标。

水利，从传统水利进入到生态水利是水利发展史上的新飞跃，它将使朴素的水利上升到高级的水利，从单一的、局部的水利进入到整体的、系统的、科学的、可持续的水利，从简单的单维的水利进入到复杂的多维的水利，满足更多方位的可持续发展和生态平衡要求。生态水利就是按照生态学原理，遵循生态平衡法则和要求建立起来的良性循环和可持续利用的水利体系。

二、生态水利建设的要求

一般说来，人类和自然界，即经济社会系统和自然生态系统之间的相互作用可以形成三种基本形态：一是经济社会系统与自然生态系统相互促进、协调和可持续发展状态；二是经济社会系统与自然生态系统相互矛盾、恶性循环状态；三是经济社会系统与自然生态系统相互对立、经济发展和生态平衡均遭破坏的状态。后两种状态都应称为不可持续发展状态，只有第一种状态才是目前被全世界公认的人类应选择的可持续发展之路，才是既满足当代人的需要又不危害后代人，满足其自身需要能力的发展状态。因此，21世纪的生态水利建设与发展充分地体现了经济社会与自然生态系统协调互动状态的功能。

（一）对水土资源的生态性要求。对水土资源的生态性要求是生态水利建设的第一要求和基本准则，主要包括水资源和水土保持两个方面。水土资源是万物生存的根基，是第一生存因子，一切生命存在都离不开水土，或者说离不开良性生态的水土做保证，没有良好的生态水土资源的保护和建设就无法实现生命的良性循环和经济社会的可持续发展。因此，我们对水土资源的生态性保护、建设和使用是摆在当前水利行业面前的重大课题，更是生态水利建设的第一要求。

生态水利就是人类的水利文明，它是人类的可续与水利的可续的有机结合。它使朴素的生存、朴素的发展上升到文明的生存和文明的发展阶段，它必将给人类社会的发展带来一个无限光明的前景。

对水工程的生态性要求。生态水利对水工程的生态性要求，在生态水利建设中占据着极其重要的地位，没有对水工程的生态性要求，就难于实现生态水利的目标。水工程是生态水利的桥梁工程，它的一端是资源水，另一端是产业水，可形象地表示为：资源水→水工程→产业水，水资源的开发和利用都要通过水利工程这个桥梁来实现，因此，生态水利必须对水利工程提出生态性要求，主要表现在水利工程的规划、设计、施工及管理、运用、供给的全过程都必须满足生态发展的良性循环和可持续发展的原则。而不是单一地为一时一地的需要而去建设水工程，如果失去良性生态发展的可续性，我们的水工程就不能立项、更不能建设，这是生态水利对水工程建设的必然要求。

生态水利建设，其一，从水利工程的规划上，必须首先考虑生态性要求，满足良性生态和可持续发展的原则；其二，从设计上必须满足生态性要求的结构（或叫生态设计标准），未能满足生态要求的结构设计不予批复（或叫技术不准）；其三，在水利工程的施工方式、方法上必须满足生态要求的方案和技术，对破坏生态的施工方式、方法和技术不用（或叫方案不可）；其四，在管理和运用上必须满足生态要求，就是要加强生态管理，达到无污染、无危害（或叫生态运转）；其五，水工程在整体系统上必须满足生态性要求，也就是说，每一处水利工程都不是单一的存在，它既是独立的又是联系的，因此，它必须满足整体的、系统的生态要求。例如，葛洲坝、三峡大坝等工程的建设，既要满足个体的生态设计要求，又要满足整个长江流域水系的生态要求，不影响整体水系生态的良性循环和可持续性。

对产业水的生态性要求。生态水利对产业水的生态性要求，主要表现在两个方面：一方面是水的开发与利用；另一方面是水的排放与处理。在水的开发与利用上，要遵循生态平衡规律和可持续发展的原则。也就是不能超量开采、过度使用，确保水资源的可持续利用，违背了这一点，我们的产业水就不可行。在排放与处理方面，生态水利要求无论是工业用水、农业用水还是生活用水，都必须排放合理，除污达标，并同时考虑处理水的再利用，也就是资源的二次利用或叫循环利用。在水利走向水务一体化的今天，生态水利会更好地使资源水的开发利用与排放处理有机地结合起来，使产业水走上健康发展的生态轨道，实现生态水利建设的目标。

三、加强生态水利建设，促进人水和谐发展

初始阶段的生态水利。20世纪末，我国根据人与自然和谐相处及可持续发展的理念，实行了从传统水利、工程水利向资源水利的转变。资源水利是生态水利发展的初始阶段，它以人与自然和谐相处为核心理论，以保障供水安全、防洪安全、粮食安全、经济安全、生态安全为基本目标，以水资源合理开发、综合治理、优化配置、高效利用、有效保护、科学管理为基本途径，坚持全面规划、统筹兼顾、标本兼治、综合治理，深化水利改革，提高对涉水事务的社会管理水平和公共服务水平，全面建设节水型社会，不断提高水资源利用效率和效益，以水资源可持续利用来保障经济社会和生态环境可持续发展。

加强生态水利建设，促进人水和谐发展。21世纪的今天，在生态水利工作中，秉持尊重自然、顺应自然、保护自然的生态文明理念，大力推进水生态文明建设，工程水利、资源水利提升到生态水利。妥善处理开发与保护的关系，审慎分析工程建设对生态环境的负面影响，综合兼顾水利工程的经济效益、社会效益和环境效益。努力构建人与自然和谐

统一的防洪减灾保障体系、水资源安全供给保障体系和水环境安全保障体系，以水资源可持续利用保障经济社会的可持续发展，实现人水和谐。

人水和谐，是人与自然关系的核心，是可持续发展水利的核心理念，是科学治水实践的更高境界，是生态水利发展的最终目标。人水和谐就是把人类的治水实践推进到人与水和谐发展的新阶段，经过坚持不懈的努力，人水和谐将从抽象的哲学概念转变为科学治水的生动实践和可持续发展的新境界。

——坚持人与自然和谐的原则，转变观念，严格按客观规律办事。按照人与自然和谐的理念，坚持全面规划、统筹兼顾、标本兼治、综合治理。在防止水对人的侵害的同时，特别注意防止人对水的侵害。在做好水资源的开发、利用和治理的同时，重视和加强对水资源的配置、节约和保护。通过制定水资源综合规划、防洪规划等一系列规划，统筹解决各种水问题，通过合理开发水资源、高效利用水资源、合理配置水资源等，基本满足人类生存、经济社会发展和生态环境保护对水的需求；通过规范和调节人类水事行为，彻底制止对生态环境和水资源的破坏和掠夺性开发行为，实现人与自然和谐相处；使水利对经济社会发展以及生态环境保护的支持与保障达到较高的水平，经济社会发展以及生态环境的安全基本得到保障，经济社会抗御水旱灾害风险的能力达到较高的水平，基本达到洪旱无恙，人居环境得到较大程度的改善，环境良好，基本实现水资源与经济社会协调发展。

——坚持以人为本，推进民生水利事业新发展。加强生态水利建设，要把发展民生水利放在首要位置，也就是要更加重视以人为本，顺应人民群众过上更好生活的新期待，以解决人民群众最关心、最直接、最现实的水利问题为重点，以政府主导、群众参与、社会支持为途径，构建城乡统筹、区域协调、人水和谐的水利基础设施体系，使人人共享水利发展与改革成果。这是深入贯彻落实科学发展观的必然要求，同时也是当前水利工作的重中之重。推进民生水利事业新发展，就要从我国的国情和水情出发，从不同地区、不同流域的实际出发，努力在重点领域和关键环节取得新的突破：一要在防灾减灾中突出民生，始终把保障人民群众的生命安全和饮水安全放在防汛抗旱工作的首位，把群众生命安全作为防洪调度的最高原则，把受灾群众的基本生活需要作为群众安置和救灾工作的重中之重。二要在水利建设中突出民生，要把人民群众直接受益的设施作为建设的优先领域，拓宽民生水利服务范围，增强民生水利服务功能。三要在水利管理中突出民生，要把维护群众的基本需求与合法权益放在水利管理中的突出位置，切实保障群众在水资源开发利用、城乡供水保障、用水结构调整、水利移民安置、蓄滞洪区运用补偿等方面的合法权益。四要在水利改革中突出民生，要把水利改革力度、发展速度和社会可承受程度统一起来，在推进水权改革、水价改革、农村水利改革等过程中切实保障群众的切身利益，使水利改革过程成为不断为民造福的过程，让水利改革成果真正惠及人民群众。

——构建水资源配置网络体系。各区域应结合本地实际，形成调配自如、运行高效的水资源配置和供水网络体系，对天然水系统的调控能力达到较高的水平，实现不同地区、不同用水户、天然与人工水系间的合理调配。例如，山东省以科学发展观为指导，大胆开拓创新，打破传统的一个流域、一座水库、一条河道、一个灌区的单一治水模式，通过多库串联、库河关联、水系联网，搭建现代化水网体系，同时对现有水资源节约、保护并重，生态、景观兼筹，已初步构建起水资源配置网络体系。

——大力发展循环经济，构筑与水资源承载力相适应的经济结构体系。循环经济以"低开采、高利用、低排放"循环利用模式替代"高开采、低利用、高排放"，真正实现经济运行过程中"资源——产品——再利用资源"的反馈式流程。通过物质的不断循环利用来发展经济，使经济系统和谐地纳入自然生态系统的物质循环过程中，实现经济活动的生态化。因此，我们要大力发展循环经济，并使循环经济逐步规范化、法制化、普遍化、经常化。同时，要尽快地转变经济增长方式，合理调整经济结构，从全局出发，按照一个地方、一个区域的水资源状况来科学规划经济社会的发展布局，在水资源充裕地区和紧缺地区打造不同的经济结构，从传统的"以需定供"转为"以供定需"，量水而行，以水定发展，根据水资源承载能力，制定地区产业结构和布局调整方案，建立与区域水资源和水环境承载力相适应的经济结构体系，推进资源利用与经济社会协调发展。

——建设维护良好的水环境和生态系统。以解决水问题为先导，将水利发展与粮食生产、消除贫困、生态保护等紧密结合起来。例如，对生态问题严重的河流流域，采取节水、防污、调水等措施予以修复，涵养水资源；在地下水超采区，采取封井、限采等措施，保护地下水；对于水土流失等生态脆弱地区，注重发挥大自然自我修复能力，实行退耕还林、封山禁牧禁柴等措施。同时，解决好生态修复区人口的粮食问题、经济发展和脱贫等问题，为实施自然修复创造条件；建立维护生态环境安全的水利保障体系，按照可持续发展和生态环境保护的要求，对水系进行合理的调配，基本保障最小生态环境用水，把人类活动对生态环境的影响降至最低程度，使水污染状况得到全面改善，水资源质量状况基本满足水功能区的要求，不断改善自然生态和美化生活环境，努力建设人与自然和谐共处的优美人居环境。

——加强水危机管理，提高应急应变能力。水对人类的生存和发展具有不可替代的地位和作用，随着水环境系统受到人类活动的日益严重的影响，水危机日益显现。水危机管理包括洪水危机管理、枯水危机管理、水环境危机管理和水生态危机管理。例如，加强宣传教育，大力提高全社会的水危机意识，防止人为造成的水危机；居安思危，预防为主；统一领导，分级负责；以法规范，加强管理；快速反应，协同应对；依靠科技，提高素质的原则，建立健全全社会以防为主，防、控、治三位一体的安全保障体制和应急应变机制；制定完善各种应急预案，提高应对各种突发事件的快速反应能力，并且加强日常的风险管理工作，把危机事件所造成的损失降至最低程度。

水危机管理不仅是水行政主管部门的事，还应当把危机管理变成全社会的活动，加强社会管理。要从维护河流健康、水资源安全、饮水安全、生态环境安全、粮食安全、国家安全、人民生命安全的高度出发，建立健全水资源环境安全的法律制度和保障系统，及时进行资源环境风险识别、评价、预报、预防、控制、消除，保护人类在生产、生活与健康等方面不受水土流失、水环境污染和破坏等影响，使危机管理制度化、法制化、政策化，确保水安全，维持河流健康生命，促进社会、经济、环境全面协调可持续发展。

加强生态水利建设，可充分地发挥水利在生态文明建设中的基础性、先导性、引领性作用，有力促进人与自然和谐相处，实现人水和谐。同时，对加快推动生态省和现代水利示范省建设，提升水生态文明建设水平具有重要的现实意义。

第七章 水利工程与生态环境的创新研究

第一节 水利工程生态环境影响因素

随着我国经济的发展，我国很多地方的水利工程建设越来越多，但是，水利工程在施工过程中很有可能会对周边的生态环境造成一定的影响，破坏当地区域原有的生态环境，造成对当地环境不可估量的损失。与此同时，现代水利工程也对施工技术提出了更高的要求，因此，研究水利工程生态环境影响因素具有非常重大的意义。针对这样的情况，在本节中，将对水利工程生态环境影响因素进行具体的分析研究。

一、进行水利工程生态环境影响因素分析的重要意义

在水利工程施工的过程中，水利工程作为一项业务复杂和规模庞大的系统化工程，水利工程所涉及的专业学科知识很多，在这样的背景下，就需要在水利工程施工的过程中，充分地了解这些背景知识对于水利工程周边的环境保持有着积极的作用。与此同时，水利工程在施工的过程中，对于周边环境的各种生态因素会造成一定的影响，由于水利工程施工周期一般比较长，并且人们对现代水利提出了更为严格的要求，导致水利工程对周边的生态环境所产生的影响因素很多，因而需要采取相关的治理措施，以保证水利工程周边的生态环境不遭到破坏。在这样的背景下，为了进一步消除水利工程对生态环境造成破坏的隐患，有必要采取有效措施认识水利工程生态环境影响因素，并对水利工程的施工过程进行规范化处理，保护水利工程的周边生态环境。

二、水利工程生态环境影响因素分析

（一）施工用料对水利工程生态环境的影响

水利工程中的施工用料很多，一般主要包括砂石、水泥、混凝土、砌体砖和石灰等，水利工程施工用料的选择对水利工程的周边生态环境有很大的影响。具体来说，在水利工程施工的实际施工过程中，水利工程施工用料的选择包括施工材料的规格、粉尘含有量和强度等。因此，水利工程施工用料不仅会影响到水利工程的质量，还会影响到水利工程的

周边生态环境。截至目前，很多水利工程在使用施工用料的时候，并没有对施工用料进行严格的检查，也没有考虑到施工用料中所含有的成分对于水利工程周边的生态环境所带来的破坏，这样就会导致很多质量不合格、不符合生态环境要求的水利施工用料被使用，从而严重影响到水利工程周边的生态环境质量。

（二）人为因素对水利工程生态环境的影响

水利工程现场施工人员一般包括项目管理人员、监理工程师和现场施工人员等，他们都有不同的工作任务，然而，这些水利工程的施工人员和管理人员也会直接地影响水利工程周边的生态环境。尤其是水利工程的施工管理工作人员，应该及时地与现场施工人员进行技术交流和工序验收等，规范水利工程操作人员的操作行为，防止在进行水利工程施工的过程中，出现水利工程废弃物的随意堆积、水利工程废水的随意排放，以消除水利工程施工过程对周边生态环境的破坏。

（三）施工方法对水利工程生态环境的影响

水利工程的施工方法也会影响水利工程周边的生态环境质量。具体来说，水利工程的施工方法一般包括具体的施工工序、生产技术和操作流程等。在进行水利工程施工方法的确定过程中，首先要考察的就是水利工程周边的生态环境因素，并根据水利工程周边的生态环境因素选择合适的施工方法。如果没有对周边的环境因素进行有效的考察，随意选择施工地点，很有可能会对周边生态环境造成不可挽回的破坏。

（四）施工机械、设备对水利工程生态环境的影响

在水利工程施工的过程当中，一般包括土方开挖、地质勘查和现场测量等操作过程，但是这些操作工序都需要使用很多的机械设备。主要的施工机械设备包括挖掘机械、起重吊装机和搅拌机等，这些机械设备会对水利工程的周边的环境保持具有很大的影响。然而，由于水利工程施工人员操作机械不规范，造成对周边的生态环境的破坏。

三、解决水利工程生态环境影响因素的具体措施

（一）合理规划水利工程施工范围

水利建设施工的事前控制是影响水利工程周边生态环境的重要因素。因而在水利工程实际过程当中，应该结合水利工程设计的规模、性质和特点等。水利工程前期的准备工作应该选择合理的技术和施工方案，为后续的水利工程施工周边环境的保持打下良好的基础。同时，考虑影响水利工程施工的综合因素，还应加强对水利工程施工过程的管理。当水利工程施工的周期确定之后，还应该充分地考虑水利工程项目的施工难度和投资量情况，同时结合水利工程施工现场的环境特点，以制定出具体的施工方案。但是，在水利工程实际的施工过程当中，还要求设计人员与水利工程施工人员做好交流工作，经过对比和分析，以选择出最优的水利工程施工方案。在水利工程施工之前，应该全面地考察水利工程的设

计和进度计划等，进一步完善对设计的水利工程施工方案，以便于确保最终的施工设计方案能够有效地降低对水利工程周边的环境因素造成破坏。

（二）科学建立健全的水利工程生态环境保护体系

一直以来，水利工程施工生态环境保护都存在环保管理体系不健全的问题，因此，提高水利工程生态环境保护管理水平需要科学建立健全的环保管理体系，一般可以从以下几个方面进行：

第一，在进行水利工程环保管理时，管理人员应该多到施工现场检查以下细节问题，进而保障监管制度具有一定的效果，使得水利工程施工监管人员的质量管理工作能够按照完善的监管制度进行，尽可能地降低对周边生态环境的破坏；第二，加强对水利工程施工中质量管理人员的检查，采取有效措施加强约束注册质量管理人员的工作，提高水利工程环保管理工作人员的水平，避免不合格的质量管理工作人员从事到实际工作中，促进水利工程生态环境的保护；第三，制定科学合理的责任制度，一旦出现生态环境问题可以迅速地将生态环境问题追究到个人。

综上所述，在进行水利工程施工的过程中，使水利工程环保受到影响的因素是多种多样的。针对这样的情况，水利工程施工单位应该从施工之前就充分地考虑影响水利工程环境保护的各种因素，降低水利工程施工对周边生态环境的破坏。

第二节 水利工程与生态环境关系

水是人类赖以生存的自然资源，而水利则是国民经济的基础，水利工程在防洪、灌溉、发电、供水等方面发挥着重要的作用。水利工程建设取得了巨大的成就，但也要认识到：水利工程在为经济和社会发展提供保障后所表现出的弊端也逐步显现，并随着建设规模的增大而逐步增多。随着十八大对生态文明的重视，水利工程从设计、施工、管理等各个方面都非常重视生态环境的可持续发展，水利工程的利用效率，减少环境破坏和生态污染。因此，在建设中需要走生态建设和可持续发展的道路，以保障水利工程的健康发展。

一、水利工程与生态环境关系

水利工程是人类改造自然的活动，而生态环境平衡又是人类与自然界和谐共处、健康发展的基础。因此，水利工程与生态环境之间存在着密切的关系。

（一）水利工程建设是生态环境全面持续发展的客观要求

生态环境是人类赖以生存的基础，它不仅为人类提供了食物、生产和生活资料等基础生存条件，还为人类提供了赖以生存的自然环境条件。可以说：人类社会的生存与发展时时刻刻都离不开自然生态系统的支持。

水源短缺、污染等原因造成的生态环境破坏，影响了生态的平衡。水是万物之源，水利工程是以水为中心的人类活动，可以充分地利用水利工程的建设，来改善和弥补自然环境的不足和人类造成的生态环境破坏，所以，水利工程是生态环境全面可持续发展的客观要求。

（二）水利工程是人类改造自然包括生态环境的重要活动

水利工程主要是用来调配和控制自然界中的地表水和地下水，以达到除害兴利的目的。而水利工程是在自然生态环境中进行的，以生态环境为前提的；所以，水利工程建设实际上是人类改造自然、融于生态环境的活动，同时也会对生态环境的变化产生影响。

（三）良性的生态环境是水利工程的重要保障

人类虽然具有很强改造世界的能力，但自然的力量是不可抗拒的。因此，良性循环的生态环境可以为水利工程提供重要的保证；反之，如果水利工程建设破坏了生态环境，引起水土流失、泥石流、滑坡等灾害，那么，水利工程就不堪一击，难以保障人类生产和生活，还会带来更多、更可怕的灾难。

二、水利工程建设对生态环境的影响

（一）水利工程建设对生态环境的有利影响

作为以防治水害与水资源开发利用为主要目标的基础建设项目，水利工程建设对水资源的开发、防洪和发电等起到了许多有利作用，为人民提供了稳定的生产、生活环境；为防洪、灌溉、发电、城乡生活和工业用水及生态环境的改善提供了安全保障。

一方面可以增加枯水期流量，提高抗御洪、涝、旱、碱等自然灾害的能力。水利工程的建成可以起到抗旱防洪作用，降低灾害发生的频率和危害程度，在水资源缺乏地区发挥其节水作用，在汛期发挥蓄滞洪水、削减洪峰的作用。

另一方面水利枢纽工程的核心部分是水库的建设。水库抬高水位可以有效地改善水库上游的天然水运运输系统，具有运输成本低、少占地或者不占地的优点比陆运系统更具优势。建设具有调节性能的水库，通过调节在枯水期增加下泄流量，有利于改善中下游水质状况及供水条件，提高下游水体的自净能力，其建设可以为区域提供发电、防洪、航运、灌溉、供水、水产养殖等方面的综合效益，还可以促进渔业养殖、开发旅游景点、发展旅游事业。

（二）水利工程建设对生态环境的不利影响

1.对水文条件的影响

水利工程建成后，采取水库即在洪峰期截流、平时截流，下游河道自然会产生断流，改变下游河道的流量过程，周围水位也会下降。在水资源重新分配过程中，往往忽视了生态环境对水的需求，一旦水利工程的作用超过环境承载能力就会引发地下水位下降、水质下降、河流自净能力下降、湖泊、池塘干涸等生态环境问题的产生。

2. 对土壤条件的影响

水利工程建成后，附近土地常会出现盐碱化和沼泽化的现象。地下水位下降、水质的变差以及不当的灌溉方式则可能带来土壤次生盐渍化和水资源浪费。浸没区水位的上涨也会导致区域内植物根系衰败、呼吸作用难以进行，导致土壤沼泽化，出现土壤肥力下降，农作物的生长自然受到一定的影响。另外，污水的排放，超出了水体的负荷、自净能力，出现水污染，土壤环境的破坏，植被覆盖率下降会导致沙漠化，生态环境恶劣，沙尘暴现象产生使空气浊度增加，生态环境遭到二次破坏。

3. 对气候的影响

大中型水利工程修建后，以往的陆地变成了水体和湿地，导致局部地表空气产生变化，对区域气候产生影响。区域气候产生了变化，生态环境气候更加恶劣。例如，水利工程建成后，区域及附近范围内降水量减少，但一定距离外的地域降水量却明显增加，气候环境更为干燥，导致干旱现象的发生；水利工程建成后，下垫面由陆地变成水，与空气间的能量交换也有所变化，导致气温变化幅度减小，年均温度的变化为农作物种植带来减产等影响；另外，水利工程建成后，工程范围内水体增加，在阳光照射下区域辐射量增加，导致空气变得湿润，降雨明显导致山地滑坡、泥石流等次生灾害的产生。

4. 对社会环境的影响

水利工程建设水库，水库蓄水对上游的淹没，导致土地、自然文化遗产、景观、移民、动植物栖息地、生物物种多样性等的损失和破坏。水利工程建成后，河流水面增大，流速变慢，不少携带病原细菌的生物都可从上游迁移到下游，并在下游繁殖，这就会增加疾病的发生率，如伤寒、阿米痢疾、霍乱、疟疾、血吸虫病等疾病的发生。

第三节　遥感分形与水利工程生态环境

在近一个世纪以来，我国水利工程发展越来越快，由于水利工程建设的推进，建设的加大加快，造成对环境的影响越来越多，导致生态环境某一程度的破坏。随着水利工程造成对环境的影响日益增强，水利工程引发的环境问题也越来越受到人们的重视，人们开始了解水利工程带来的不只是有利的一面，随之而来的还有它对环境造成的污染。如何减少水利工程对生态环境的不利影响和确定水利工程在生态环境影响评价范围中所处地位是目前当务之急，本节就此进行讨论，主要通过介绍遥感与分形理论，还有水利工程生态环境影响评价，以及遥感与分形理论在生态环境影响评价中的应用。

一、遥感与分形理论

遥感是指的一种不用接触的，距离很远的探测技术。在目前技术手段下，一般指的是运用传感器或者遥感器对物体发出电磁波以及电磁波的辐射，利用电磁波与辐射的反射特性，探测出物体的形态位置还有特征。随着目前我国对遥感影像的处理与分析的不断深入研究，我们发现单单只是利用波谱信息传达、描述物体已经远不能满足当下时代对遥感应用的需要，另外，纹理特征作为遥感影像的重要记录信息之一，对于遥感影像的分类识别也具有十分重要的作用。在水利工程建设中，我们可以运用遥感这一技术，通过探测水利工程建筑，来直观地了解建筑施工的成果与问题所在，通过建筑的纹理特性来提高遥感技术的准确性，提高探测效率。目前遥感技术的发展，也不再只有单单的电磁波与辐射，如今还有红外线、紫外线、可见光、红外光等，这些光波长不同，所研究的物体也不同，通过不同波段的数据信息，加上科学的信息技术，我们可以对水体、植被、水土流失、水质、地质进行方便快捷的监控管理，一旦发生意外，可以在最短的时间获得信息来源，进而及时地做出应对措施，将损失减到最小。遥感技术操作简单方便，我们可以随时对水利工程进行监管，能很好地预防灾害发生，做到有备无患。

另外，分形理论是非线性科学研究的一个分支，该分支相比其他非线性研究中是属于比较活跃的一类。分形理论的数学基础是几何分形学，分形的概念最先是由美籍数学家本华·曼德博提出，分形理论的最基本特点是能够用数学方法进行描述客观事物，还能根据分数维度的视角来看待客观事物。分形理论是当下十分流行和风靡的新理论，他的活跃给客观事物带来不同角度的多种看法。分形理论主张我们跳出一维的点线，二维的平面，三维的立体甚至四维空间的时空模式，跳出这些传统的思维方式，运用更加接近实际的有着真实属性的理论，还有更接近真实复杂系统的状态描述，以及能够更符合客观事物的理论，分形理论的这一重于事实的特点有着他独有的多样性与复杂性。在水利工程建设中，运用分形理论基于具体事实的特点，能客观、局部地认识事物。自然的大部分事物都存在着不稳定性，不确定性与不平衡性，分形理论要求我们从实际的角度出发，不同于其他将复杂问题简单化，将具体事物抽象化，通过创建理想模型来进行解决问题的理论方式，分形理论有着从事实角度出发，洞察隐藏在混乱结构中的精细内容。对水利工程生态环境影响探测会很需要这种切合实际的理论，洞悉问题的实质，从而更好地方便我们解决问题，看透问题的本质才能找到针对问题的解决方式，提高解决问题的效率。

二、水利工程生态环境影响评价

现阶段，水利工程生态环境影响评价还是一项复杂的工程，在我国技术限制下，目前也还没有形成有效的统一的健全的体系。随着人们对生态环境保护越来越重视，也逐渐认识到水利工程建设对社会也不全是有利的作用，也会带来对环境污染问题的负面影响。对任何工程项目来说，都是有利有弊的，我们要针对所带来的问题进行应对处理，找到可以缓解问题的应对措施。水利工程建设作为生态影响型的一种建设项目，我们更要注意对工程建设的监管，特别是如果水利工程建设处理不当，便会对项目生态环境造成严重的影响，所以在对环境的影响评价，对水利工程项目的论证和预测这些都不能少，我们在进行水利工程建设时，要更好地利用水资源，与此同时，还要注意对水利工程建设生态环境影响的评价。水利工程建设与其他工业建设相比，有着很多不同的特点，工业建设相对来说比较集中，污染范围也比较小，而水利工程一般需要建设的范围广，污染治理较为困难，影响面也比较大，往往需要占用大量的森林资源，土地资源，所用人力物力又多又烦琐。其次，水利工程施工期长久，一般都需要17年，因为其工程浩大，施工越久，对环境的影响也就越大。水利工程选址也一般在山区，山区内的地理环境复杂，有较多树跟土，水利工程的建设很容易破坏当地的生态环境，造成水土流失等自然灾害。

在水利工程生态环境影响评价中，我们要遵循以下几个原则进行：

（1）整体性原则，生态环境影响评价涉及解决和协调水利工程建设与周围环境的问题，包括各分项目与各单位对环境可能产生的影响，还包括各项所有产生环境污染与生态破坏的各项建设单位与各个单项工程，都要求统一地、整体地进行全面评价。

（2）综合性原则，在评价工作中，不仅要考虑社会环境，还有对生态环境影响与生活质量影响要综合全面进行考虑。

（3）战略性原则，水利工程建设生态环境影响评价要从战略性原则上出发，考虑水利工程建设与所在地区开发战略相一致，水利工程开发内部工作的合理性。

（4）极端保护性原则，在水利工程建设中，会遇到濒危的动物或植物，以及一些国家保护文物，若水利工程建设会破坏这些保护生物，那么要优先考虑濒危物种的安全。要切实按照以上几个原则对生态环境影响进行评价。

三、遥感与分形理论在确定水利工程生态环境影响评价中的应用

通过以上分析，我们可以将遥感与分析理论应用在确定水利工程生态环境影响评价上，通过遥感影像技术，能很直观地观察到水利工程建设的状况，通过影像纹理分析，对影像内的草木，土地也能有直观了解，进而对数据进行分析，能调查出哪里的区域因为人为影响造成的变化较明显，这给水利工程建设生态环境影响评价带来了很好的参考作用。另外，通过作用分形理论从不同的层次和尺度调查收集同一观测尺度内的生态环境问题，其具有无序与复杂的特点，运用分形理论，从实际出发，按照事实说话，揭示生态环境问题的本质原因，找到问题本源，从本源开始治理，全面客观地进行水利工程生态环境影响评价。遥感与分形理论的相互结合，运用便捷直观的技术与科学遵循事实的理论实践，能准确地找到问题，对水利工程建设生态环境影响评价也有很大的帮助，提高评价的准确性，让评价措施更方便。分形理论与遥感技术的有机结合，能合理地解决水利工程建设生态影响评价范围的问题，对以后水利工程建设开展能实行很好的改良措施，改善我国水利工程建设对生态环境的影响，另外，分形理论通过对生态环境和生态完整性以及生态敏感性问题分析，扩宽常规生态环境影响评价范围思维，提出在生态环境影响范围内进行水利工程建设，这样从根源上解决问题，能很好地改善目前水利工程建设与生态环境相矛盾的问题。虽然

目前遥感技术能在生态环境影响评价中起到不小的作用，带来很多优势，解决很多问题，但遥感技术也只能针对地表进行，在生态环境中的地下也是需要注意的地方，因此我们还需要不断学习，加强技术的革新，创造更多的价值，用于更方便的操作中，实现人与自然和谐发展。虽说生态环境影响评价范围容易受到多个因素的影响，不管是生物因素还是非生物因素，这给生态环境影响评价也带来了很多困难，不定性多。而各种会影响到的生物因子或是非生物因子都在不断改变着，这些影响因素又是不可确定的，加大了生态环境影响评价的困难，使生态环境影响评价更难以实施，我们在面对这些可变因素中，要以不变应万变，通过反复频繁的调查来降低这种随机因素带来的差错，通过提高技术操作含量来提高结果的准确率。我们需要共同努力，进一步探索出更好的方案去突破这些局限性。遥感和分形理论的运用，给水利工程建设生态环境影响评价带来了很多有用的地方，不仅使过程更便捷，还能很好地提高效率，对评价的准确率也能大有提升，分形理论的运用，让我们从多个角度看问题，跳出传统的思维模式，在看待新问题的同时也能更加完整地了解问题的存在原因。

第四节 水利工程对生态环境的影响

在实践的水利工程建设之中，不仅会影响生态环境，还会造成生态环境调整减少。所以，一定要加强关于水利工程开工建设的探讨，采用有效举措，减少水利工程对生态环境的危害。

水利工程建设之中对生态环境会有一些影响，由于对影响进度和对于生态破坏进度，在国际上还没有产生一个比较一致的规范。所以，怎样在这种情况下，提升我国建设水利工程的整理力度，整体减少对环境的破坏的影响是相应规模的工作人员的工作重点之一。

一、水利工程对生态环境的作用

（一）对生物的作用

生物的多样性是地球以及生态体系的关键特质，也是因为生物的多样性才培育了人类。然而，人类在构造生态体系的经过之中也需要遵循和把控生物多样性的法则。总的来说，那些所说的生物多样性是全部生物物种的一个生态体系。例如大量的修建水利，就会对空气、土地、河流等产生影响，让本来是大自然的范围因为人类水利活动的日益增长使生物不断减少。所以说水利工程建设是人类改良和利用自然的关键工程环节，但会淹没一些森林、草地、土地和河滩，这样就可能会破坏生物生存的环境。

（二）对水文体系的影响

水文体系是一个河道和流域水系轮回的归纳，而且水利工程的建设会对水文体系的每个部分和因素产生十分重要的作用，例如，水利的工程拦截和大坝就能改造河道水流速度、水流温度和深度等一系列因素，这样就可以改良对整条流域的水文情况产生的负面作用，尤其是让上下游的地下水变成一个非常不利的循环形式，如果河道的两侧铺筑透水的性能不好，就会导致渗漏的问题，邻近的范围地下水位就可能会明显的上升位，而且地下水文上升太快也会对生物体系的生存环境引起破坏。

（三）对土壤条件的影响

北方半湿润区域的土壤通常是黄土，关键是因为土壤水分不充足，引起土壤中的碱性物质的含量不断升高；南方的红土大多是由于降雨量大造成的，土壤经常被雨水侵蚀，产生土壤中酸性物质一直变多。而且在完成水利工程之后，本地区的地下水位可能会发生一些变化，改良土壤的酸碱度，会造成土壤含氮量的变化，会使当地区的农作物减产。

（四）对局部气候的影响

在大型的农业水利工程完工之后，会引起当地的土壤湿度增加，地表的吸水性能减弱，如果有强降雨天气的发生，就会比较容易导致山体滑坡和泥石流等一些严重的自然灾害现象。水利工程的作用是为了让在旱季实行灌溉，雨季蓄水防止洪涝。但是人为的改造地形肯定会引起植被的破坏，山体构造的破坏。

二、生态水利工程开工战略

（一）强化对于水利工程的整体安排，因地制宜展开水利工程

第一、在水利工程开工之前，相关部门要求结合、整体了解水利工程开工对该地区生态环境的影响，对水利工程实行具有可行性和可以带来的经济效益和社会效益做整体解析。在整体解析过后完成对水利工程的整体安排。第二，在水利工程进展的时候，要求相关部门可以因地制宜地实行开工，在充足使用各种资源的时候最大限度地降低水利工程开工对生态环境的影响。第三，水利工程开工假如触及至居民的迁移问题，就要求政府部门在水利工程实行之前拟定完善的居民迁移要求，来强化居民对水利工程建设开工的赞成，降低因工程开工实行时需要严刻依照相关的法律规范实行，强化对环境保护的关注。第五，在水利工程开工之后要求采用高效的举措对四周的环境实行防护，保障生物的多样性，同时要做好绿化任务。

（二）提高环境承载力，强化生态保护力度

想要强化生态环境保护的能力首先需要提高环境全面承载能力，继而高效地完善全面生态环境。一般在水利工程的建设时候，因为工程开工对河道要采用截流举措，以保证开工的顺利进展，在很大进度上对河道上下游的水文特性发生变化，假如水文特性产生变化，对河道水体含量实行随时监测，要做到保证河道有充足的雨水量，继而会加强完善生态环境。其他部分的水利工程建设要求占用河道沿线的村庄和耕地，并且要做出相应的补偿，

为了减少该项开支，建设部门在施工之前，就需要对开工现场实行考察，用环境承载力对工程建设的根本要求，尽可能地选择人口比较稀少的地区，不只会免去居民安置费的问题，还会减少建设成本，完成效益的最大化。

（三）强化开工阶段的生态防护

整体的施工阶段是对生态环境破坏最严重的部分，开工的时候会出现许多污染源不能很好地解决，建筑部门和开工部门双方会把责任相互推卸，很难确定出实际的处理方案，对于这种情况，国家相关建设单位对于水利工程中的环境污染拟定严刻的处理要求，并把责任机制落实到建设部门的每一个部门，让其切实负起责任，降低影响。除此之外，在开工的时候，建立专门的环保单位，并对施工实行检查，有效地防止开工污染对环境的破坏，最关键的是对开工中的空气污染、自然环境污染、噪声污染、粉尘颗粒污染和用水质量等。

（四）完备生态环境补偿体系

生态补偿体系是完成经济和环保共同效益的一个规划安排，所以水利工程建设部门一定要整理相关的资料，合理分配出生态环境保护的资金，保证在工程建设的时候把这些资金用于生态修复，帮助改善和优化库区周围的自然环境。

对于水利工程项目开工建设的有效落实来讲，可以很明确地表现出理想的作用价值效果，还可以充分地提升相应区域的社会进展水准，所以带来的生态环境污染和破坏问题需要重视，尽可能地采取有效的防控举措实行规避。

第五节　生态脆弱地区水利工程施工的环境效应

水利工程是为控制、利用和保护地表及地下水资源与环境修建的各项工程建设的总称。水利工程的建设对环境存在一定影响，尤其在施工期间影响最大，因此，要深刻认识工程施工对环境的不利影响，落实业主、监理、施工方的责任，制订切实可行的环境保护措施，加强施工过程中的环境保护，最大限度地减少环境污染，为我国生态脆弱边境地区的经济发展起促进作用。

我国水资源总量丰富，但人均占有量少，时空分布差异较大。近年来随着经济的快速发展，耗水量增大，水污染严重，水资源逐渐成为制约经济发展的重要因素。为此国家投入了大量的资金修建水利工程以改善这种状况，由《中国统计年鉴2019》可知，我国仅水库就有98822个，总库容达到895.9亿立方米。水利工程是为控制、利用和保护地表及地下水资源与环境修建的各项工程建设的总称。按用途可分为防洪、灌溉、水力发电、港口航道、供水排水、环境水利、海涂围垦等，具有影响面广、规模大、投资高、技术复杂、工期长、对环境影响大等特点。

水利工程施工除保证工程质量外，对生态环境的保护同样不容忽视。在我国生态脆弱地区如新疆、西藏等边疆地区，水资源分布差异更为显著，更迫切地需要水利工程的建设来发展清洁能源，改善流域农业生产灌溉条件，提高流域人民生活水平，促进边疆少数民族贫困地区经济社会的可持续发展。如果在该地区修建水利工程时对环境保护不够重视，对环境的破坏可能是不可逆转的。因此，在这些地区修建水利工程时，更应该注意施工对环境的影响，把环境保护的理念和意识、政策和措施融入工程的规划、设计、施工、运行及管理的全过程中，确保工程在取得经济效益和社会效益双赢的同时，能有效地减少对环境的污染与生态的破坏，实现人与自然和谐共处和可持续发展。

一、水利工程施工对环境的影响

水利工程建筑物包括挡水建筑物、泄水建筑物和专门建筑物，在工程施工过程中往往会对环境产生很大影响，在生态脆弱地区的影响更为严重，主要表现为以下几个方面。

（一）对水质的影响

水利工程施工期间施工人员排放的生活污水或丢弃的生活垃圾、施工机械日常维修和工作状态时机械冒出的油污和油滴、生活废渣等一系列的排放对当地河流水质有一定的影响，严重影响河道的生态环境，造成水体富营养化，威胁水生生物生存。在施工过程中常采用炸药进行爆破，使用的传统硝基炸药中含有致癌、致毒、致突变的物质三硝基甲苯，炸药残留物进入水体也会严重影响水质并危及生态安全。此外，污水中可能还存在重金属和其他有毒物质，恶化了当地的水生态环境，影响居民的身体健康。重金属作为一种不能被降解的有毒物质，只能沿着食物链被富集或分散，对水生动物和人类的健康危害最为严重，广泛存在于机械用油及部分建筑材料中，随着机械废油的排放和废弃建筑材料的丢弃引入区域水环境中。

（二）对空气的影响

水利工程施工中常使用大量的机械设备，产生的工业废气直接排放，产生大量灰尘。同时，水利工程往往建设于远离居民区的偏远地区，交通条件较差，工程机械运输建筑材料碾压土质道路，造成道路凹凸不平，建筑材料抛洒产生大量扬尘。此外，在建筑材料堆放场地，受到大风等自然条件的影响，也会产生扬尘现象。

（三）对动植物的影响

水利工程施工需要大量工程用地，砍伐植被，破坏森林农田等，损坏了当地的土壤结构和植被环境，改变了原本的地形地势，水土流失情况因此产生且情况转变得十分严峻。严重的水土流失使得动植物的栖息地破坏，植被的破坏还会影响该区域内的光合作用，从而减少了该区域内空气中的氧气含量，对该区域内的居民和其他动物的生存也带来了一定的威胁，动物被迫迁移，影响陆地生态系统平衡。此外，施工产生的扬尘会影响植物的光合作用，造成植物死亡，还会影响动物的呼吸，使动物患病或迁徙。

在施工期间，施工人员聚集可能会出现捕猎野生动物的现象，也会对野生动物产生一定威胁。施工期间不可避免地还会产生一定的水体污染，对于水生生物来说，水体的污染对施工河段内的浮游生物例如藻类、动物等的优势种群的数量和生存质量产生影响。水生生物作为鱼类的天然饲料，数量的减少会影响鱼类的生存。一般而言，5~8月为鱼类产卵期，水利工程施工期如果在丰水期则会对鱼类产卵产生较大的人为干扰，如果施工期在枯水期则相对影响较小。施工区距离河道较近，施工人员钓、捕鱼等行为均有可能发生，若任由施工人员随意捕捞，将对工程所处河段鱼类资源产生不利影响。

（四）噪声的污染

水利工程建设时常需要开山辟地，进行爆破作业，爆破产生的爆炸声严重干扰当地人类和动物的正常生活。此外，使用各种大型机械设备，施工过程中机械的轰鸣声会产生不同程度的噪声污染。尤其当水利工程位于居民密集区时，常需要夜间施工，且水利工程施工周期长，对居民的生活产生不良影响，严重影响居民的身心健康。

（五）对农业生产的影响

水利工程的施工要占用一部分土地和农田，除用于建造水工建筑物以外，还需要用于堆放建筑材料和施工过程中人员的安置，减少了原有的耕地面积，影响了区域农业的生产。在施工过程中，常需要对河道进行截流或导流，当河道截流时会形成堰塞湖，淹没上游土地，当河道导流时，可能会因河道的变化淹没河岸边的一些耕地，尤其当施工地点处在地势平坦地区时这种影响更为显著。此外，在施工过程中对河道进行截留还会影响下游的输水量，导致下游农业生产用水严重不足，对下游沿岸农田灌溉及生态系统产生不利影响。

（六）对区域小气候的影响

水利工程的施工建设会对施工附近的区域小气候产生影响，这种影响在规模较大的灌溉工程或者蓄水水库上表现最为明显。区域周边空气的湿度及环境的温度在水利工程施工后会得到一定的改变，区域内的气候条件也会因此受到影响。由于水的比热容大，在蓄水水库周围气温会出现降低的现象，环境会产生低温效应而增加降雨量。此外，还会因蒸发量的增大而影响区域的降雨量。在水利工程施工建设结束后，库区会和水面相靠，导致空间能量改变，最终使得气温提升。区域气候的改变会影响原生生态系统，土著生物可能不会再适应新的生态系统而可能灭亡或迁徙，且对环境的影响是不可逆转的。

二、施工中的环境保护措施

水利工程施工中的环境保护不能只注重个别细节，应以大局为重、统筹兼顾，把业主、监理和施工方三者应承担的责任充分落实。制订工程施工期环境保护计划，落实环境影响评价和环境保护设计中确定的减免措施，尽量减轻施工对原有生态环境的破坏，使水利工程建设与资源环境的良性循环和社会、经济的可持续发展相协调，在造福人类的同时，保护好生态环境。

（一）监理方的环境保护措施

监理工程师的职责不能仅局限于合同、进度、质量和建设资金使用等的管理方面，还要加强环保方面的管理。落实监理方的环境保护责任，使之成为水利工程施工环境保护的一项重要措施。建立健全环境监理组织体系，完善各项监理制度和监理程序，对建立措施进行落实，实行分工负责，对施工单位的环保工作实施情况进行监督。依据相关法律法规对施工方出现的污染环境的施工行为采取措施，责成施工方限期整改。

（二）施工方的环境保护措施

施工方应加强对施工活动及施工人员的管理，严格按照施工合同中环保条款的要求，实行环保工作专人负责，责任到人的制度。环境保护计划要与施工计划同步进行，只有这样才能妥善处理施工过程中出现的环保问题，具体可从以下几个方面进行环境保护。

（1）减小施工过程中对空气的危害。

为减小施工过程中对空气的危害，在工程施工期需配备喷水设施，主要作用是在无雨期定时喷水降尘；当工程施工涉及对岩石层凿裂、钻孔、爆破工作时应尽量地采用湿法作业；此外，可以通过修建施工运输道路的方式改善运输条件，减少建筑材料抛洒；在施工车辆运输建筑材料时还应该进行覆盖，防止运输过程中产生扬尘；施工材料堆放场地应充分地利用防尘网，防止因大风等自然条件产生扬尘现象。施工机械尽量地使用优质燃料，减少有毒、有害气体的排放量。

（2）减少污废水的排放。

砂石料加工系统、混凝土拌和站、机械修理厂是水利工程施工期的主要工业废水来源，污染因子主要为 SS、CODcr 和石油类几种。生活污水主要为 CODcr、BOD5、粪大肠杆菌等，集中在生活区和施工管理区。对于工业废水和生活污水应采取不同的方式进行减排，对工业废水而言，可减少砂石料加工过程中冲洗等废水的排放量，对施工机械应加强维修和保养，防止油料泄露。对于生活污水应控制生活污水的排放量，设置污水处理池，对生活污水和工业污废水进行预处理，使之达到排放要求。

（3）使用乳化炸药。

对于爆破量大的水利工程建设项目，采用安全、环保、高效的乳化炸药替代传统的硝基炸药。乳化炸药的成分主要为无机氧化剂 70% ~ 85%、水分 9% ~ 13%、碳氢燃料 3% ~ 6%、乳化剂 0.4% ~ 1.5% 和密度调节剂 0.1% ~ 5%，其中无极氧化剂主要由硝酸铵、硝酸钠、硝酸钙等组成，炸药残留物主要为无极硝酸盐类，对人体无毒害作用，可大大地降低爆破施工对人体和水体的危害。

（4）加强噪声控制。

水利工程施工对施工区域声环境的污染较为集中，主要集中在施工期，因此加强噪声控制的重点时期是施工期。控制噪声污染首先应分析噪声的来源，然后再提出相应的解决措施。施工期的噪声来源主要分为三种：一是混凝土拌和系统、砂石料加工系统等固定声源噪声；二是爆破等间歇性瞬时噪声；三是交通噪声。对于固定声源噪声采用的解决方式是加强机械检修，淘汰老旧机械，声源处设置隔音围栏等，对于爆破等瞬时噪声，应精细化计算炸药用量，减少爆破次数和用药量，尽量避免夜间施工，对于交通噪声，可采用合理安排车辆工作时间，对车速进行限制等。

（5）减少植被的破坏。

工程施工对植被的影响主要表现在两个方面：一是永久性建筑物占压以及水库淹没产生的植被生物量永久损失；二是临时性占地造成的生物量暂时性损失，施工结束后辅以人工措施可以逐渐恢复。但是在生态脆弱区，植被的破坏是很难修复的，甚至是不可逆转的。表层土壤和植被的结构被破坏后，表层土壤在暴雨、径流和风力等自然条件下极易造成水土流失，影响区域生态平衡。因此，水利工程施工场地除必须对植被进行破坏以外，尽量不破坏场地以外的植被。

水利工程的建设关乎国计民生，对项目建设产生的效益评价不仅局限在经济效益上，应以其产生的社会效益、经济效益、环境效益相耦合的阈值进行评价，因此，必须深入研究和探讨工程建设对周围环境的影响。在水利工程施工建设中要正视环境保护问题，明确水利工程建设与生态环境的关系，不断完善工程施工建设体系，减小水利工程施工对生态环境的影响，使水利工程的建设为我国生态脆弱边境地区的经济发展起促进作用。

第六节　水利水电工程规划设计与生态环境

水利水电工程是我国重要的基础性工程，对于水力发电、农业发展以及航运等领域都有着至关重要的影响，但在水利水电工程的建设中，由于对原有地质地貌的挖掘破坏以及工程施工产生的污染，都对生态环境造成严重影响，所以本节针对水利水电工程规划设计对生态环境的影响进行分析，并提出改善对策，以供参考。

随着我国社会的不断进步与发展，在国民物质基础日益夯实的背景下，逐渐提高对生态文明的重视程度，而工程施工作为污染问题的主要来源，必须从规划设计环节加强绿色环保意识，并对施工环节进行管理控制，才能防止水利水电工程实际效益与生态效益失衡的问题发生，因此，水利水电工程的规划设计工作开展，应当注重于勘察分析工作的开展，尽可能地减少生态环境破坏问题。

一、水利水电工程对生态环境的影响

（一）水利水电工程规划影响

水利水电工程规划设计工作是工程得以顺利开展的前提条件，对工程施工提供指导方向，因此在规划设计工作开展中，工作人员的生态文明意识直接决定工程对于自然环境造成的破坏与影响。随着当前我国对于水利水电工程的重视程度不断提高，为了满足各界多元化需求，规划设计人员在工作开展中，更加注重对于工程建设效率以及质量的提高，工作重心倾向在工程整体布局规划、组织结构以及工程设备和技术的选用方面，虽然为工程稳定性的提高以及使用寿命的延长提供了保障，但却忽视工程建设对于生态环境所造成的影响，因而导致工程的开展较为粗放，比如，在水库的建设阶段，由于规划设计不合理而对周边生态环境造成了影响，水分蒸发期间降水量出现不稳定的问题，导致局部地区的温度不断提高，破坏周边生态系统。

（二）对水文和水体造成的影响

在水利水电工程的建设过程中，对于水文水体造成的影响主要体现在水库建设方面，造成污染问题的同时，对水利水电工程的工作质量产生影响。首先，在水库的规划设计中，如果缺乏生态环保方面的考虑，则会造成水库的水位不断下降，进而引发系统性问题，造成水库自身对于水资源净化的功能无法充分发挥，水质条件日益恶化；而由于水库水位下降，势必还会干扰水利水电工程的日常运转，制约发电效率，并对农业灌溉和航运等领域的应用造成影响；其次，从水体角度来看，由于水利水电工程的规划设计考虑不够全面，水库的水体流速减缓，水库中的污染物质将会不断蔓延扩散，水体污染问题逐渐暴露。

（三）对地质和土壤造成的影响

水利水电工程的建设，势必需要对原有地质地貌进行挖除破坏，以满足工程建设和使用的实际需求，因此在规划设计阶段，如果缺乏对于地质和土壤的深度考量，难免会由于土质下降而造成水土流失等问题发生，并对地表植物和生态系统产生破坏；其次，在水利水电大型水库的蓄水过程中，地壳应力增大的情况较为普遍，因而影响岩层孔隙水压力的变化，导致局部地区的地质稳定性与承载能力不足，在工程后期使用中出现沉降和塌陷问题，并且水库水位的提升过程中，周边区域的抗剪强度下降。最后，由于水库当中存在部分污染物质，所以如果在规划设计中对建设区域的土壤和地质缺乏思考，一旦出现泄漏问题，势必会导致污染源扩散，对周边水文环境产生影响。此外，土壤当中多含有丰富的生物量，因而才能具有植被的孕育功能，而水利水电工程的建设，造成生物量长期受到浸泡而不断减少，土壤自身肥力不足，影响土壤生态功能的发挥。

（四）对生物造成的影响

保持生物多样性，为生物营造良好的生存和发展环境，是加强生态文明建设的重要内容，而在水利水电工程的建设期间，由于自然环境的破坏，原有生物群落丧失生存家园后将面临着急速的消亡，因此生态系统以链式反应而出现破坏和断裂，造成生物多样性下降，生态系统失衡；其次，水利水电工程的建设还会影响施工区域的气候条件，进而对水中藻类、植被和鱼群的生长发展产生影响，甚至导致大量动植物灭绝的情况发生。

（五）对社会环境造成的影响

首先，水利水电工程的建设势必会占据部分国土资源，因此，对于我国可用空间会造成压缩，一旦在规划设计期间，对当地居民缺乏妥善的安置措施，势必会影响居民的生活质量，并且由于部分居民的毁林开荒，导致水土流失等问题发生。其次，在水利水电工程的建设过程中，由于机械设备的应用以及技术手段的开展，还会产生大量废气、污水和噪音污染，持续破坏生态环境，甚至还会造成大量病原体改变栖息地，对周边群众的日常生活造成影响的同时，威胁其身心健康。

二、改善水利水电工程规划设计对生态环境造成影响的措施

（一）转变规划设计理念

新时期下，秉承生态文明思想，加速转变水利水电工程设计理念，不仅是响应国家号召的积极表现，同时也是促进水利水电事业趋向现代化、科学化发展的必要手段，因此在具体工作开展当中，工作人员应当保持创新意识，积极构建符合时代要求的环境保护规划设计理念。转变水利水电工程规划设计理念，工作人员应当从以下两方面入手：①统筹。水利水电工程具有系统性和复杂性的特点，为了切实保障工程建设质量，并促进工程实际效益与生态效益之间均衡发展，设计人员必须具备大局观和前瞻性，能对工程建设进行统筹规划，具体包括工程整体布局与自然环境之间的和谐共处关系，以及工程建设期间对于自然因素的破坏程度，在保证工程顺利开展的前提下，不断地减少工程建设对于生态环境造成的破坏；②协调。首先，水利水电工程的规划设计当中，应当加强与环保部门的沟通交流，并构建长期稳定的合作关系，以便于调节设计方案，并结合环保部门的意见建议，保全周边自然环境和生态系统。其次，设计单位应当与施工单位之间进行研究，提高设计方案的合理性与可行性，并向施工单位普及生态文明理念，以改善施工质量。

（二）优化规划设计方式

现阶段，水利水电工程的规划设计工作应当从实际出发，在设计前期，对工程位置进行全面调研分析，考察当地地质条件、气候条件、水文条件以及人文环境，以便提高设计方案的科学性和全面性，在具体设计环节，应当以四个阶段开展工作：①在项目建设书的制定过程中，应当预测工程建设对于环境造成的影响，以便提前部署防护措施，并制定应急方案；②设计人员应当结合自身在调研阶段的分析结果，确保工程设计方案与环境评价之间保持一致，以便提高环境评价的有效性；③设计工作开展期间，设计人员在保障工程整体建设质量以及成本控制的基础上，更应兼顾环境保护效果，并细化有关环境保护的策略方案；④在环境保护方案初步制定完毕后，应当结合具体情况予以深入分析，不断地调整和检测设计方案的可行性。

（三）加强设计团队建设

作为水利水电工程规划设计工作的主体力量，设计人员的综合素养直接影响工作效率与质量，因此，相关单位应当加强设计团队建设，提高设计团队整体工作水平。首先，在设计人员的选聘当中，单位应当注重考查工作人员的整体素养，要求其具备扎实的专业能力、良好的职业素养外，更应明确环境保护的重要意义。其次，在日常工作中，应当建立

常态化工作团队培训教育机制，通过专业技能的学习以及国家政策法规的普及，打造一支业务能力过硬、生态意识较强的高质量规划设计团队，有利于全面改善水利水电工程对于环境破坏的主要问题。此外，对于设计团队还应当予以约束，通过工作制度的制定和完善，提高规划设计人员工作规范性的同时，激发其工作的主动性与积极性。

（四）健全补偿措施

在水利水电工程的规划设计阶段，为防止对生态环境造成破坏，或对已经遭受破坏的问题进行改善，都应当从思想层面提高重视程度，因此，通过建立健全补偿机制，能有效地对环境问题予以补偿和恢复，比如，对于水利水电工程建设期间对于树木植被造成的影响，必须通过全面的分析和判断，在尽可能规避破坏的同时，对其影响后果进行估量，并制定补偿处理措施，有利于在水利水电工程施工完毕后，以最为直观且有效的方式，确保生态系统能得到保护和恢复。健全补偿措施虽然属于事后弥补的手段方式，但却能够协调工程效益与生态效益，确保工程发挥社会价值的基础上，改善生态环境质量。

（五）强化生态环境承载力

强化生态环境承载力是降低工程影响的重要举措之一，也是从源头提高生态环境本身稳定性的主要方式。首先，在水利水电工程的建设当中，会对河流结构和水文特征产生影响变化，因此，必须确保河流自身的需水量，避免生态问题发生。其次，水利水电工程对于周边人文环境造成的影响，应当由有关部门发挥引导作用，对移民和耕地进行采取妥善的安置处理方式，或是在规划设计期间进行全面考量，或是以补偿方式，避免居民的生活水平受到影响，进而减少由于人为因素对于生态环境所造成的不必要损害。综上所述，水利水电工程的规划设计工作，必须应当秉承因地制宜的理念，在深入了解当地环境的前提下，确保工程建设符合环境承载力的同时，以人为干预形式，加强承载力，并选择合理的目标进行开发。

针对目前水利水电工程对于生态环境造成破坏的问题，必须及时转变工作理念与拓展工作方式，构建以生态文明建设为核心的规划设计体系，促进工程建设效益持续提升的同时，为水利水电工程的可持续发展提供助力。

第七节　水利工程规划中生态环境设计的重点

随着工业化进程的加快，我国的科技水平和经济发展已经到了前所未有的盛况。但是随之而来的新问题也是源源不断。比如，煤矿开采过量，水土流失问题，风沙雾霾天气以及水资源的污染问题，这些生态环境的现实状况深刻地提醒我们，不论在何种时代何种背景，都应该在发展的同时注重保护自然的大任。经济发展与自然环境的和谐共生，是我们现在唯一的发展出路。在水利工程项目的规划当中，生态环境设计问题一直是相关部门十分重视的研究工作，本节笔者对水利工程规划中生态环境设计问题的成因做了简单分析，并提出了关于水利工程规划中生态环境设计的重点内容。目的在于理顺水利工程施工的顺序和关系等一系列对策和方法，为新时期水利工程规划中更好地进行生态环境设计工作提供了有利依据。

如今，在水利工程规划中贯彻生态环境的设计理念，已经成为水利项目建设的必然方向，同时也是经济可持续发展的根本所在。作为项目的设计施工单位，应该对水利项目的设计方案严格把关，不断强化施工质量和环保意识的重要性。

一、水利工程规划中生态环境设计问题的成因

（一）外部因素对生态环境设计的影响

水利工程规划的涉及范围比较广，涉及项目地区的方方面面，比如，地质地形条件，传统文化要素，区域经济发展状况等。每一个环节都有可能影响水利工程的规划的内容。现阶段很多水利项目的设计工作还停留在水平较低的传统方案上。并没有把生态环境的目标贯彻其中，尤其是在一些特殊地形特殊水文条件的区域，很多工程设计人员由于没有明确的规划目标，忽略了生态环境的重要性，最终导致不仅质量达不到标准，对当地的自然环境也起到破坏作用，最后出现一系列问题，这对水利工程的发展起着非常负面的影响。

（二）内部因素对生态环境设计的作用

除了大范围的外在因素，内部设计人员的专业水平和整体素质对水利项目规划中的生态环境设计内容也起到非常重要的作用。优秀的设计工作者，在恶劣的地质条件下，凭着专业的设计知识和经验，可以不断地对方案进行优化和创新，并很好地结合生态环境保护理念的实施。但是在目前的水利建设企业中，缺乏专业的设计人员已经是普遍现象，没有设计人才的支撑，也没有与之相对应的科学机制，导致大部分的规划设计人员缺乏必要的生态意识，单纯地为了满足项目的经济效益，忽略了对自然环境的重视，进而出现很多比较恶劣的影响。

（三）缺乏有效的监管制度

水利工程设计方案的主要落脚点是可行性，整个规划和设计方案要切实可行，在考虑最终实现效果同时，要将生态环境问题纳入评价标准，只有环保达标，才能实现生态水利工程的实际效用。但是，一些单位缺乏环境意识，在进行规划设计的过程中重视经济效益，对环境效益、社会效益的关注度不够，使得规划与设计偏离了"生态"这一核心主题。现如今，我国的监管制度还有待完善，仍需进一步加强对生态水利工程规划设计的监督和引导，使其更具科学性。

二、生态水利工程规划建设的意义

经过多年的建设经验和科学技术的支持，现在的水利工程施工技术已经很先进，施工

水平和质量也越来越高。但是必须正视现阶段存在的影响工程质量的因素。水利规划当中的生态环境设计理念，主要是以保护建设区域的自然环境为前提，采取多种手段和保护措施，在节省建设成本的同时，促进生态环境与建设工程的协调发展。水利工程作为国家的重点建设项目，直接关系着老百姓的切身生活。有规划地开展建设任务，使项目在规定的工期内竣工。虽然生态系统有一定的修复能力，但是如果破坏程度过于严重，恢复的可能性也是非常低的，所以规划设计的目的就是要将工程建设对自然界的影响控制在一个合理的范围之内，确保通过生态系统的自身调节可以恢复，以尽量减少对自然环境的改变和索取。

三、水利工程规划中做好生态环境设计的重点

（一）充分做好水利工程规划的准备工作

水利工程规划的准备工作比较烦琐，主要包括最基本的材料选择，技术设备和人员意识以及建设区域的水文条件等资料信息的收集工作。掌握水利工程立项的主旨思想，把握水利工程建设的实际数据，确定生态环境设计的基本要旨，为高效率进行水利工程规划、高质量进行生态环境设计提供坚实而详尽的基础性工作。作为专业的规划设计人员，不但要熟练掌握建设的基本要求，还要全面地了解项目自身的建设特点，通过对实际地点的考察和研究来确定最终的设计方案、技术规范以及建设目标和进度等重点核心步骤，使其与生态环境要求做到再平衡，将水利工程规划工作置入生态环境工程需求的范围之内。

（二）严格把控水利工程施工图设计的重点环节

如何体现水利工程规划设计中的生态环境设计理念，关键所在就是对施工图的设计是否科学。只有在水利项目的规划当中体现出环境保护和生态绿色的设计理念，设计方案才能有充分的说服力。另外，还要突出水利工程规划当中的功能性，其中包括重要的防洪灌溉、抗旱调配等。严格参考各项施工标准的规章制度，对水利工程项目建设区域的水文地质和土壤人文环境等数据进行详细分析。另外，施工过程中产生的废物废渣，一定要安排专门的人员及时清理，以免因为气候等原因造成飞尘。对于地质条件恶劣的地方，还要做到少开挖，多回填的方案，以免因为地势等原因引发滑坡等危险。总之，在不同的水利工程项目，要找到适合当地生态环境的施工设计方案，做好重点工作，才能使整个项目安全顺利的建设完工。

（三）理顺水利工程施工的顺序和关系

为了确保水利项目规划的科学性，一定要抓住正确的指导思想保证项目的顺利实施。首先，深入考察阶段。生态环境设计人员可以主动申请到项目规划区域进行实地研究和勘察，对重点的环节和相关要素进行全面系统的把控。严禁项目施工过程当中出现资源浪费，严重破坏环境和施工效率低下等一系列严重问题。其次，对建设内容实行责任制。将生态环境的责任落实到每个部门或者每个责任人身上，按照施工顺序和细节将责任分配。这样，

出现问题可以直接找到对应部门和负责人，减少责任推脱等现象的出现。最后，强化设计施工人员的生态环境意识。对于施工过程中产生的污染和破坏，在场人员要及时进行防护和治理，将施工保护和恢复建设统一在一个施工建设过程中，以确保水利工程建设综合目标的实现。

（四）提高河流形态的空间异质性原则

在生态水利工程项目的建设目标中，也包括对生物物种的多样性的恢复和保持，但是并不是说单纯地依靠人工种植植被或者引进生物物种，而是在水利工程规划和设计方案当中，加入对生物物种多样性的保护意识。尽可能地提高河流形态的异质性，使其符合自然河流的地貌学原理，为生物群落多样性的恢复创造条件。

水利工程是推进国民经济发展的基础，对水资源起着调配作用，支撑着全国的农业灌溉工程。在水利工程设计与规划工作中强化生态环境的设计理念，对维护社会稳定，经济持续增长有重要意义。要采取前瞻性规划和全面性设计的策略将水利工程建设转化为重建生态。保护环境的新举动和新战略，真正将科学的生态环境设计思想融合在水利工程规划的工作之中，实现水利工程的资源调配、生态重构等一系列价值和功能，为水利及农业等基础事业的发展提供更系统、更科学、更全面的技术支持和策略平台。

第八章　水利工程生态环境管理

第一节　水利工程建设中加强生态环境管理的意义

近年来，我国的环境污染问题变得愈加严重，生态管理的实施变得愈加重要。生态环境管理是在水利工程新建设的活动中进行的，并根据相关的生态环境保护条例使水利工程的建设满足使用的要求并可以持续的、循环的使用水利工程体系。随着环境污染问题与日俱增，不得不考虑人类的健康、安全问题，而为了实现人类与自然界的和谐共存就必须在建设水利工程项目的同时，利用好生态环境的相关需求，适时适当地进行工程开发，合理地设计出项目开发计划以实现生态环境的可持续发展。对于这些问题，本节主要论述水利工程建设的过程中生态环境所受到的影响，从中提出保护环境的管理措施。

随着城市化的快速发展，水利工程也在大力的修建，而很多大型的水利工程的建设都是跨地域的进行施工，在资金方面投入的是非常的巨大，与此同时，对当地的生态环境也有很严重的破坏，有的还会对当地的环境造成毁灭性的破坏。所以在进行水利工程的建设活动中，要加强对环境的管理是非常重要的，也是非常迫切的。

水利工程建设在原生态环境地区会给当地的生态环境造成严重的影响，导致其当地的生态环境直接破坏，致使生态失衡，还会引起生物的灭绝，这是最为严重的事情。在天然河道区域修建水库会使原来的水质水温出现明显的变化，还会影响到鱼类的繁衍。与此同时，在兴建水库后还会使水库地带造成大量的泥沙从而引起水库区域的坍岸，河道地区等出现一系列的地质问题，而这种问题还会蔓延到陆生植物中来，给陆生植物带来淹死亡现象，还会引起丘陵段化，使原生物大量的迁移。兴建水利工程也会导致附近的居民被迫的搬移其他的住处，而当地居民生活中的垃圾和工业上的垃圾依然留在原处，这些垃圾会在最后的阶段进入水库，并给水库中的水质造成严重的污染。

在大量的兴修水利工程项目时，一方面可以做到人工调节水量，并为干旱和半干旱的地区的植被，还有居民等提供稳定的用水；另一方面在通过兴修水利工程中能够有效地防洪治涝，将洪涝灾害降至最低，造成的人员伤亡和经济上的损失也降至最低，而水利工程还可以发电并创造出经济价值。

一、水利工程建设中的加强生态环境管理的意义

（一）改善、保护人类的生态环境

在进行兴修水利工程项目的过程中，每一次的兴修都会对当地的原生态环境造成极大的破坏，不仅导致两岸的植被被淹没，还会降低生物的多样性。所以在进行水利工程项目的建设中，一定要加强对生态环境的管理，减少人类的活动对自然环境的破坏，这将直接的关乎经济的可持续发展。

（二）促进生态城市建设发展

随着人们对绿色环境的认知和对环保观念的提升，对城市的环境质量问题也提出了极为苛刻的要求。城市的生态文明是发展城市建设的重要环节，而水利工程建设在打造更加美好的城市生态环境的方面也发挥着极其重要的作用。推动水利建设发展是非常的符合城市居民对更高生活的追求。

（三）提高了水利工程建设的管理水平

现阶段，水利工程的建设管理活动大致分为五个方面，而这五个方面主要包括饮水安全、生态环境、防洪保障、粮食供给和经济发展。根据这五个方面进行分析并从中可以发现这些管理中大部分是以人为本的精神理念。所以，为了更好地显示出这种以人为本的精神理念就要在水利工程建设中摒弃传统的管理思路，构建出一个现代化的生态水利工程建设管理。

二、水利工程建设中加强生态环境管理的措施

（一）科学规划

在进行水利工程建设初期需要对施工区域的河流水域等地区进行相关条件的考察和筛选，合理地进行评估当地的自然生态属性，一定要在保证不破坏生态环境的前提下制作出一套完整的水利工程建设的方案。

（二）生态岸坡防护

水利工程项目在兴建之后会将工程沿途的水陆交错地带造成一定的影响，所以在设计水利工程项目时一定要做好工程中的岸坡防护设计，确保在原植物不受破坏的基础上结合施工的需要，加强岸坡的防护，避免使用不透水的材料为动植物营造一个适宜的生存环境。

（三）加强施工环境监测

环境管理是在施工过程中需要格外注意的事情，环境不仅可以有效地保护好生物的健康发展，还能使生态环境不被破坏。在施工的水利工程建设中，一定要遵循环保的标准，创建出适宜的环境监测的指标并对其监管。将创建出的项目指标体系彻底地融入所有水利

工程项目的施工中，还要提高监管人员的责任意识，采用奖惩制度来督促工作人员的责任性，并加强施工时的环境和施工区域的监测管理。

（四）污水弃渣处理

在树立工程建设的过程中，污水弃渣处理是重中之重。而水利工程的自身属性使人们在处理污水弃渣的时候都是采用沉淀的方法进行处理的，通过自然沉淀的方法将污水弃渣进行快速的过滤。为了更好地将污水弃渣进行处理还可以修建大量的粪池，这样会避免生活上的污水去影响河流水质。而在工程建设的过程中，使生态环境管理能进一步地加强还要重点考虑到弃渣的堆放问题，并能保障在水利工程项目施工后，原生态环境可以快速地恢复。

水利工程的兴修不仅可以有效地防涝防洪，还能灌溉农田和水力发电，并增加其自身的价值。而从另一个角度上看水利工程的建设也会使生态失衡，引起环境的污染和生物的灭绝等负面影响。为了更好地实现人与自然的和谐共处和经济的可持续发展就必须在水利工程建设的过程中进行生态环境的管理，减少水利工程施工时破坏环境，并快速地推动起经济健康、稳定的发展。

第二节　水利工程生态环境精益管理

重大水利工程的建设对地区生态环境具有深远的影响，加强其生态环境管理是实现工程环境效益的重要保障。业主方对工程建设中的生态环境管理承担着重要责任，其管理水平直接影响工程的生态环境状况。精益建造是一种先进的建造管理理念，在TFV理论的基础上分析了精益建造在生态环境工程中的积极作用，构建了业主方视角下的重大水利工程生态环境精益管理模式，科学设计、强化监管、注重科研、协调规划、反馈优化，旨在打造出多层次、全方位的工程建设生态环保理念，提高业主的生态环境管理水平。

自中华人民共和国成立以来，进行了大规模的水利工程建设，先后建成了葛洲坝、三峡电站、南水北调等世界闻名的大型水利工程，在抗旱防洪、改善生态环境等方面发挥了重要作用，有力地促进了我国经济发展。然而，水利工程建设不可避免地改变了自然的原有面貌，往往对地方生态环境造成深远的影响。在水利工程的设计、建造、运营和报废回收的全生命周期中，加强其生态环境管理是实现水利工程与自然环境和谐可持续发展的重要保障。业主是项目建设的发起者，同时也是水利工程最终的所有者，参与水利工程的建设、运营等整个生命周期，在水利工程生态环境管理中占有重要地位。

精益建设是建设领域一种先进的管理模式，其源于制造业的精益生产理念，旨在创造出高质量、高品质、高效益的精品工程。精益建造思想在国际上日益受到重视，但目前我国建设行业仍以传统建设思想为主。精益建造提出了一种以"求精求益"为核心的建设理念，追求低成本、高价值，旨在打造精品工程，符合业主的利益追求，为业主进行重大水利工程的生态环境管理提供新的思路。

一、重大水利工程与生态环境关系的思考

重大水利工程往往是区域性的发电、防洪、航运、灌溉、供水等多目标的水资源综合开发项目，涉及范围广，社会公益性强。因而，重大水利工程的建设将会对生态环境造成较大且深远的影响，一方面，水利工程的建设能有效地改善地区生态环境，如水利工程的水库能为该区域提供丰富的水资源，防洪防旱功能最大化水资源的效用，减少周围环境受自然灾害的影响等；另一方面，重大水利工程使得自然面貌发生巨大变化，使原有的生态系统发生改变，如陆地、湿地的消失，改变了水环境，等等。水利工程在改变自然环境的同时，也受自然环境的影响，良好的自然、地质条件是建设重大水利工程的必要条件。因而，水利工程与生态环境之间是相互依赖、制约的，缺一不可。

重大水利工程占地面积大，对生态环境影响因素多且各因素之间关系较为复杂，主要表现在以下几个方面：

水库吞噬了陆地与湿地，影响长期形成的陆生生态与湿地生态，如原生植物被淹没、动物失去原有的栖息地等。

水利工程建设改变了原有的水环境，影响水生生态，如大坝的建设将对鱼类的上下交流产生阻隔影响，库区水流变缓，水面积增加，浮游生物以及底栖生物种类组成发生变化，群落结构由河流相向湖泊相演变。

重大水利工程改变地表水与地下水分配，一定程度地影响地质条件，在特殊地区增加山体滑坡等自然灾害风险；同时，大型水库改变了空气湿度、空气透明度等，影响局部区域气候。

二、重大水利工程建设生态环境管理难点

尽管重大水利工程对生态环境有着较大影响，但在我国水利工程建设业仍保持着重经济轻环境的思想，缺乏有效的生态环境管理。

资金投入不足。目前，在我国水利工程建设中，业主更多地追求经济效益，工程建设的环保资金投入普遍不足，这使得工程从设计阶段未能充分地考虑生态环保问题。在实际水利工程中，环保资金较少地列入合同条款，即使有也往往是泛泛的条款，或归于其他条款之内。在施工工程中，生态环保工作往往只停留在口号上。

政策法规不健全，缺乏监管。当前，我国环境保护法律法规正在逐渐增多，环境保护也被日益重视。但在水利工程中，通用的环保法律法规适用性较差，执行难度大，相关生态环保具体规章制度还较为缺乏，环保部门执法难度大。同时，对于水利工程，业主更关心的是工程质量、工期进度。因而，监管多集中在质量监督上，生态环保监督管理不足，

且缺乏完善的监管体系。

认识不足,环保意识淡薄。水利工程对生态环境的影响因素较多,关系也较为复杂。在实际工程中,无论是设计者还是施工方都缺乏对生态环境的认识,设计和施工时不能充分地考虑水利工程对生态环境的影响,直到运营后才发现问题。同时,工程建设者环保意识淡薄现象普遍存在,以施工方最为普遍,如在工程建设中,临时工程建设很少考虑生态效益,任意伐毁工程区内植物,等等。

三、精益管理理论与生态环境工程

Koskela 在 1992 年提出将制造业的方法运用到建筑业,并将制造业的三种理论(生产转化理论、生产流程理论和价值理论)加以整合,提出了生产 (TFV) 理论,这是构成精益建造理论的基础。精益建造理论就是强调从转化、流程和价值三个方面全面分析工程建设整个过程,以顾客需求为中心,识别、测量、优化建设中的非增值活动,实现顾客需求的最大化,追求低成本与高效益的统一。生产转化理论强调生产有效、增加价值,流程理论要求降低成本、消除浪费,价值理论则是从用户需求出发指导生产,创造最大化价值。针对水利工程生态环境诸多问题,精益建造理论中的"精益"思想为水利工程生态环境工程管理提供了新思路。在 TFV 理论中,生产转化观点强调有效生产、增加价值。这就要求在水利工程生态环境管理中识别出工程的核心生态环境的价值所在,保证工程的生态环境需求转化为具体的产品设计,彻底贯彻生态环境保护要求,保证生态环境目标得以实现;流程的观点要求通过识别不增加价值的活动来消除浪费,降低成本。这就要求在水利工程生态环境管理中识别出不增加生态价值的活动,并进行持续的优化改进;价值观点从产品顾客的角度出发指导生产建设,旨在实现顾客价值最大化。价值观点将生态环境视为"顾客",以实现生态环境效益最大化为目标。

四、重大水利工程生态环境精益管理模式

业主是水利工程的发起者,是建设过程中人力、物力等资源及参与方的总组织者,同时也是水利工程产品最终的所有者,业主方生态环境的管理水平直接影响着水利工程的生态环境结果。在水利工程的生态环保工程的建设过程中,业主应将精益建造"求精求益"的核心思想运用到生态环境管理中,坚持"精于管理,益于生态环境"的理念,变"被动环境保护"为"主动保护环境",积极履约社会责任。

基于 TFV 理论,水利工程中生态环境管理应贯穿于工程产品的生产转换、生产流程和价值生产整个过程中,通过生态环保工程建设过程中的不断摸索与总结,识别出生态环保工程中的核心价值,更好地满足环保要求;积极采用创新管理模式、差错预防、标准化作业等精益建造技术,实现过程中有效功能的充分发挥,减少工程资源与人力的浪费;实

施以精细管理为手段、以建设的全生命周期为范围，以建设绿色生态水电站为目标，打破传统的"重设计、轻建设"的被动环保理念，打造多层次、全方位的工程建设环保理念。整个水利工程生态环境精益管理可具体概括为科学设计、强化监管、注重科研、协调规划、反馈优化等方面。

科学设计。科学的设计是实现工程生态环境保护的基础和前提，设计决定了工程产品的功能，同时也决定了其对生态环境的影响。在设计阶段，做到经济与环保并重，实施环保专项工程。环保专项工程是践行生态环保最为重要的环节，具有长期性与结果性的特点，对于建设河流的生态与环保效果具有长远的影响。

强化监管。强化施工期间生态环保的建设管理，是践行生态环保工程的重要环节。虽然建设过程中的污染具有短期性、暂时性，但其影响依旧不容忽视。针对施工期各类污染物的产生及排放情况，结合区域的环境功能要求，实施具体的严禁排放和达标排放等污染控制和预防措施；开展施工期的环境监理，保障环保设施质量，确保环境保护"三同时"制度实施和各项环保工程设施质量。同时，制定环保管理办法与奖罚实施细则，加强文件管理体系建设，将生态环保要求与具体措施写入合同条款，从制度上保证绿色施工的实现。

注重科研。在工程建设过程中，由于项目的独特性与一次性的特点，使得水利工程在建设过程中对于生态环保的破坏机理尚不完全清晰，这种模糊的状态会直接影响系统设计的效果。通过科学实验可以更好地了解其影响的内在机理，便于进一步优化专项工程的设计与建造。

协调规划。由于地方政府、建设单位和国家环保部门的利益关注点存在较大的差异，则会导致在水利工程的建设过程中，生态环保专项规划与当地区域发展规划产生诸多不一致，直接影响土地征用。统筹生态环保规划与区域发展规划，协调各部门利益，创新实施业主与地方政府双实施主体。

反馈优化。随着工程的不断进展，水利工程在建设过程中对于生态环保的破坏机理会不断地清晰。充分地利用施工过程与科学研究过程中取得的研究成果，进一步完善与细化环评报告中的专项设计工程是完善设计的必要途径。在建设过程中，开展《生态保护与建设规划报告》的优化与细化工作，使得生态环保工程更加科学合理，更具操作性。同时，通过运行期长期监测，进一步反馈已实施环保措施的环保效果，对环保措施进行优化调整。

重大水利工程的建设对地区生态环境具有深远的影响，加强其生态环境管理是实现环境效益的重要保障。业主作为建设过程中人力、物力等资源及参与方的总组织者，应承担起工程建设生态环境管理的任务。鉴于精益建造中"求精求益"思想符合业主方利益需求，本节基于 TFV 理论分析了精益建造理念在生态环境管理中的作用，提出"精于管理，益于生态环境"的理念，构建了科学设计、强化监管、注重科研、协调规划、反馈优化的精益管理模式，有利于提高重大水利工程中业主的生态环境管理水平。

第三节　生态水利与橡胶坝工程管理

随着社会主义经济的不断发展，人们在经济实现大飞跃的情况下，对环境也提出了一些更高的要求。水利建设自然而然地成为人们所关注的重点项目。生态水利是在遵循生态系统的前提下进行的水利建设，也就是说在进行水利建设的同时，必须达到环境的可持续发展，使水资源的各种开发与利用都不会影响到环境因素。橡胶坝工程作为高科技下的新型建筑物具有许多传统建筑物所无法企及的优点，但是要使这些优点充分地发挥出来需要进行合理的管理。

随着经济的不断发展，人们对环境的要求越来越高，尤其是作为生命之源的水资源，其开发利用一定要顺应自然规律，以可持续发展战略为指导，不断进行优化。

水资源是人类赖以生存的自然资源，人们应合理开发利用。但随着社会经济的不断发展，生态环境不断遭到破坏，生态水利也难逃魔爪，同样遭到了严重的破坏：第一，水坝建设的规模过大，使得其蓄水量远远超过河流的流量，河流下游的水量就会不断减少，导致整个生态水利失衡；第二，防洪标准过高，使得堤坝的高度不断增加，湿地范围不断缩小，导致生态水利被严重破坏；第三，水资源过度开发利用，使得地下水位不断下降，河流趋于干枯，导致生态水利不和谐。

生态水利是将人的活动与水统筹起来进行考虑，即要考虑到人也要照顾到对水的影响，是一项人与水和谐发展的工程。人类在对水资源进行开发和利用的时候，一定要顾及其对水是否造成了严重的污染，是否将导致不可持续的发展等问题。对于任何一项涉及水的工程，要从规划开始就要想到是否造成水体的污染，将整个施工过程都向着有利于生态环境的方面发展。要实现生态水利的良好发展，需要人类不断的努力，不仅要充分地尊重生态法则，而且要把水资源的开发与利用中加入对生态水利的考虑，湿地生态系统等问题要逐步地重视起来。

一、避免水坝规模超标

近年来，为了追求经济利益，水坝工程建设发展繁荣，但是由于不够科学的规划导致规模超标现象发生。因此，对于水坝的建设一定做好相应的规划，确保因地制宜，在需要的地方建坝，对水坝规模进行合理化控制。

二、水坝建设规模超标

由于水坝建设的不断发展，使得许多水坝建在了本不需要出现的地方，不仅如此，水坝的规模也远远超出了本应该具有的规模，使得水坝储蓄水量比河川流经量要大许多，然而，水坝下游的水量就会出现少之又少的现象，甚至出现下游河床萎缩的情况，对水利生态系统造成严重的影响。由于矛盾的不断激化，致使上游也会出现储蓄的水量过多使上游出现淹没的危机。因此，应该因地适宜的进行水利的建设，在需要的地方建造水坝。

三、根据环境改变坝体

在洪水泛滥的时期，应该将橡胶坝的坝袋及时泄空，防止洪水到来时无法储蓄足够多的水量。有时会观测到在储水量较多的时候会造成坝体微微的振动，这时要对橡胶坝的坝高进行适当的调节，使之满足不断增长的水量的要求。有些地区的天气较为寒冷，冬季的温度相对较低，这就要求在冬季到来之前，应将橡胶坝坝袋内的水以及所连接的管道内的水都排出去，防止冬季寒冷造成管道的冻裂。在冬季运行橡胶坝的时候一定要交坝体和冰层进行隔离，使之在运行的过程当中不受冰层的影响。

四、橡胶坝的观测

首先，是对坝袋的观测。观测其是否具有老化、变形的现象，以及坝址上下游泄洪时卵石和漂浮物的情况。其次，观测坝袋内测压管的情况，观测的方法是在排水泵站主管道设置相应的传感器以及压力表等装置。还有，针对过坝水流情况进行观测，采取的方式是在橡胶坝上下游安装摄像机。再次，对位移沉降进行观测。为了便于观测，可以在橡胶坝调节闸墩以及隔墩上设置位移沉降标点。最后，观测水位流量，对其进行测量的方法是在上下游调节闸设置相应的水尺及超声波水位计，通过水位观测推测相应流量。

五、对于人员的要求

绿色植保理念指的是运用全方位的防治虫害与病害举措来保障植被的健康成长，确保将绿色与环保的思路融入全过程的作物培育中。现阶段，有关部门针对绿色植保理念给予了更多的认同与关注，同时也在尝试适用于当地的绿色植保相关举措。具体在涉及防控作物病虫害时，可以有如下运用：

六、橡胶坝的检查

检查的具体项目包括：水流形态、河床变形、流量以及河流上下游水位、坝袋内压、沉降观测等。检测的原则是以橡胶坝技术规范为基础，进行特定、定期以及经常性的检查，要保障每月至少检测一次，另外，在每次洪水过后要进行一次全面性的检查。

七、避免水坝规模超标

近年来，为了追求经济利益，水坝工程建设发展繁荣，但是由于不够科学的规划导致规模超标现象发生。由于水坝规模超标，会形成水坝蓄水量大于河川流经量的现象，导致水坝下游水量减少，严重的还可能导致下游河床萎缩，严重违背构建水利生态的要求。另外，由于水坝规模的超标，还可能导致上游出现淹没危机。因此，对于水坝的建设一定做好相应的规划，确保因地制宜，在需要的地方建坝，对水坝规模进行合理化控制。

八、保障湿地范围，做好地下水的灌溉

随着水利科学的发展，堤坝强度逐渐提高这毋庸置疑，但同时也带来了一定问题，堤坝建设导致洪水泛滥，地区水循环遭到破坏，地下水得不到有效供给，湿地范围逐渐减少，平原生态受到威胁。因此，要想达到生态水利的相关要求，需要进行定期的地下水灌溉，以保障湿地与平原的生态平衡。

作为对橡胶坝的管理人员，最基本的就是要熟知整个橡胶坝的结构和整个工程的技术指标，在了解这些的基础上才有可能对橡胶坝工程进行正确的管理。如果都不能对这些有一个比较深入，具体的了解谈何管理。在管理的同时，要将学到的经验及时地进行总结，不断地提高自己的管理能力。与此同时，还要对橡胶坝在使用的过程当中的运行情况做好详细的记录，通过进行检验观察，将橡胶坝工程所发生的变化不断地记录下来以备使用。工作人员之间要建立良好的运行管理机制，不能出现岗位空缺的现象。

第四节 生态河湖理念的水利工程运行管理

基于生态河湖理念，研究近年秦淮新河水利工程运行管理情况，对新环境新形势新要求下运行管理中存在的问题及原因进行了分析，就进一步改善和提高工程管理提出合理对策、建议，对提升水利工程管理水平具有一定的借鉴意义。

城市河道是城市生态系统的重要组成部分，城市河道的综合治理对于维护城市生态平衡、优化城市景观、改善人居环境具有重要意义。生态河湖建设是生态文明建设的基础内容，实施生态河湖行动对于贯彻落实中央关于生态文明建设的战略部署，维护河湖良好的生态环境，具有迫切需求和重大意义。生态河湖行动的提出对秦淮河流域水环境改善有更高的定位和要求，本节通过研究近年秦淮新河水利工程运行管理情况，分析新环境新形势新要求下工程运行管理中存在的问题，就进一步改善和提高工程管理提出合理对策、建议，为后续更好地开展工作提出参考意见。

一、工程概况

秦淮新河水利枢纽工程位于南京市雨花台区天后村秦淮新河入江口处，由节制闸、泵站和鱼道组成，是秦淮河流域主要控制工程之一，具有防洪、排涝、灌溉、生态活水、航

运等多种功能,对流域内南京市区、禄口机场、铁路、高速公路、厂矿及 50 万亩圩区的防洪、排涝具有重要意义。秦淮新河泵站为双向灌排两用泵站,设计流量为 50 m³/s,担负着秦淮河流域的补水任务。

南京市地理位置优越、人口众多、经济发达,是经济社会最为繁荣昌盛的城市之一。同时,南京河湖纵横交错,水网密布,但随着城区的扩大,尤其是河西地区的迅速发展,外秦淮河已成为城内河道,两岸建起了较完整的硬质堤岸和护坡,城区内工业废水截流送至污水处理厂处理,生活污水通过雨污泵站收集,在条件允许的情况下排入内河,外秦淮河在未进行调水改善水质的情况下,水质情况较差。为改善外秦淮河水质,增加水体流动性,维持生态水位,利用现有工程以长江为调水水源,通过秦淮新河水利枢纽工程将清洁的长江水调入秦淮新河,再经武定门闸调控引入外秦淮河,最终水流从三汊河闸入长江。调水路线为秦淮新河抽水站—秦淮新河—东山河定桥—秦淮河—武定门节制闸、南京市外秦淮河—三汊河口闸。调度原则为外秦淮河水位(武定门闸下水位)控制在 6.5 m,秦淮河东山水位应控制在 7.5 ~ 8.0 m;当秦淮河东山水位低于 7.0 m 时,开启秦淮新河抽水站抽引江水,抬高秦淮河水位,保证外秦淮河引换水需要;当引江调水与流域防汛调度原则有冲突时,以流域防汛为准。为贯彻落实生态河湖行动,保证秦淮河水质,维持生态景观,在保证工程安全运行的前提下,秦淮新河泵站抽引长江水进入秦淮新河年运行天数原则上大于 250 天(特殊工况除外),运行期平均补水流量不少于 30 m³/s。

二、运行管理情况

对秦淮新河闸站 2011—2018 年运行情况进行统计,近八年来,秦淮新河枢纽累计共开机 921 天,累计运行 79646 台时,抽引江水 29.57 亿 m³。

研究数据表明,2005—2016 年秦淮新河枢纽每年开机运行时间大体平稳,变化幅度不大。2017 年 8 月,为进一步贯彻落实生态河湖行动,保证秦淮河水质,秦淮新河枢纽开机天数大幅度增加,2017 年为 157 天,与 2016 年相比增长 241%;2018 年开机时间为244 天,占全年总天数的 66.85%,与 2017 年相比开机天数增长 55%。秦淮新河枢纽运行台时也大幅度增加,2017 年运行 13570 台时,与 2016 年相比运行台时增长 302%;2018年运行 21094 台时,与 2017 年相比运行台时增长 55%。抽引江水量大幅度增加,2017 年抽引江水 5.37 亿 m³,与 2016 年相比抽引江水量增长 393%;2018 年抽引江水 7.5 亿 m³,与 2017 年相比抽引江水量增长 39%。目前按照保障流域水环境的要求,秦淮新河泵站全年常态化运行。

三、存在的主要问题

(一)运行人员不足、技术力量不够

秦淮新河泵站现有干部职工 15 名,分别为站长 2 名,技术负责人 1 名,技术干部 3 名,

技术工人 9 名（高级工 1 名、中级工 5 名、初级工 3 名）。自秦淮新河泵站长年开机运行后，职工既要参与工程运行工作，又要负责工程日常维修养护，工作任务加重，但人员编制没有调整，泵站运行人员数量明显偏少，难以满足工程需求；其次，部分技术干部和运行人员参加工作时间短，业务能力不强，人员结构有待进一步优化，职工技能水平尚待进一步提升。

（二）设备故障较多

秦淮新河泵站机组零部件磨损较大，叶片气蚀振动严重，装置效率低下、检修频繁。经检查，抽水站 #2 机组齿轮箱轴承处有渗漏现象，齿轮箱电机侧轴承油封损坏严重，上轴承（电机轴承）严重锈蚀，齿轮箱已出现偏齿；#4 机组在运行中，电机轴承、推力轴承运行温度均较高，且电机已达到大修周期；#5 机组叶轮部件有明显损坏，调整叶片角度时调节机构运作不灵活，有锈死现象且叶片角度调节困难；水泵叶片调节结构润滑失效、零部件锈蚀，且角度指示装置精度较差，叶片调节角度只能通过人为估算，无法准确调节，影响水泵运行效率。

（三）主电机噪音大

新河抽水站常态化开机运行，厂房内噪音常年高达 86 分贝，电机井内运行时噪音达 90 分贝以上。没有达到《工业企业噪声卫生标准》规定要求。秦淮新河管理所已要求在噪声环境下作业人员佩戴耳塞等噪声防护用品，但由于尚未对工程设备加装防噪声罩或消音器等，导致噪声防护等措施不健全。

（四）工程现代化管理水平有待提高

目前，秦淮新河管理所在水利工程建设方面投入较多，在管理方面投入相对较少，工程现代化管理水平跟不上科学管理的要求，工程监控系统、维修养护系统、运行管理系统等建设相对薄弱。近年虽然开展了自动化建设，泵站实现了自动化监控，建立了信息化平台，加入了全省水利系统信息网络，但至今仍在沿用老旧人工巡查管理方式，自动巡检系统没有真正实现一步到位的智能化，管理人员的工作任务没有减少，工作强度没有降低，工程现代化管理水平有待提高。

四、原因分析

（一）泵站运行工况改变

秦淮新河泵站安装卧式轴流泵 5 台套、总装机容量 3150 kW，设计流量 50 m³/s，设计扬程灌溉 2.5 m、排涝 2.0 m。原运行主要是灌溉期引水，长江侧最低运行水位 3.65 m。秦淮新河泵站全年常态化运行后，工程在枯水期运行时间逐年增加，而冬春季长江侧低潮位最低时在 2.5 m 左右，为保证上游秦淮河水位，在水位差超过 5 m 时，泵站和水泵仍开机运行。随着运行工况的改变，原有秦淮新河泵站不适应新的工情需要，设备磨损大、问题多，给机组设备安全运行造成一定的隐患。

（二）工程管理情况改变

近年，新河所组织开展了多次职工技能培训，由于尚未全部实现管养分离，技术干部和工人需参与工程的维修、养护和运行，技术培训制度和机制不够完善，工程常态化开机运行后，工作繁忙，人员上班时间不固定，培训时间不集中，培训内容缺乏多样性，培训质量难以保证。培训对象在工作过程中只能从事简单劳动，接受培训能力相对较弱，技术工人仅通过简单培训，因此很难真正掌握过硬技术，难以胜任技术含量高的工作，导致培训效果大打折扣。

（三）泵站建设年代长

秦淮新河泵站建成于 1982 年，为灌排两用双向泵站，2002 年进行加固改造后使用的是兰州电机厂生产的 10 kv 三相异步电机 Y500—630 kW，转速 99 r/min，受当时科技条件所限，电机加工制造精度较低，设备在运行过程中噪音较大。

五、管理建议及措施

（一）继续深化工程管理体制改革

实现管理与维护分离。在现有职工中，抽调出年龄结构合理、专业知识互补、精通泵站机电检修专业知识的 6 ~ 8 人作为泵站管理人员，负责泵站机电设备的检查、大修及运行期间故障设备的抢修工作，其余人员负责工程开机运行。同时，稳步推进维修养护机制改革。将日常的维修保养交由养护公司统一管理实施，养护公司可根据各阶段的工作量情况灵活调动施工力量，减少机械和人力的闲置。由专门的技术人员对施工队伍进行管理，精心维修、保证工程质量、降低返修率、节约工程成本，使养护工作真正实现专业化、机械化，提高养护水平。

（二）加强工程现代化和精细化管理

水利工程管理现代化和精细化是工程发展的重要前提和保障。通过系统梳理水利工程的运行及管理，实现资料的科学化收集，并且将收集到的资料合理整编入库，在工程管理中结合实际数据建立科学的模拟系统，应用数据模拟系统实现工程管理的规范化和精细化。另外，在管理过程中还要采用先进的管理技术及管理手段，建立高效运转的计算机网络系统，实现相关情况的实时监测。采用数据采集、数据传输、信息贮存实现水利信息在线分析，提高工程运行状态安全管理的科学性和有效性。减少技术人员简单重复劳动，提高工作效率，进一步地提高水利工程的服务质量。

（三）落实安全生产防护措施

根据《工业企业噪声控制设计规范》（GB J87—85）要求，对主要产生噪声的设备、机械装设防噪声罩或消音器；在厂房、值班室、办公室等区域使用隔音性能良好的防噪材料；合理设置值班室、办公室等场所，使其与产生噪声的厂房保持一定距离；在噪声环境下作业的人员，应佩戴噪声防护用品，如耳塞、耳罩等护耳器；定期对厂房等作业场所噪声情况进行检测；有计划地对噪音来源主电机进行更换，改善运行条件。

（四）培养提升技术队伍业务素质

人才管理是工程管理的核心，重视在职职工的培训教育，通过加大培训力度和工作力度，培养提升队伍业务素质。一是要积极选拔优秀人才到相关高等院校进行脱产培训，开展有针对性、业务性的学习，为工程管理储备人才和技术力量；二是开展技术工种培训，依托工程职院，根据技师、高级工及中级工等人才结构需求，对电工、钳工等技术工种人员有计划地开展专业技能培训，培训内容和课程设置应突出实用性，增强实际操作技能的培养；三是自修深造，积极鼓励在职职工通过报考函授、电大、自学考试等多种途径取得学历，提高文化知识水平，学习费用可与单位共同分担。

（五）加快推进秦淮新河水利枢纽改扩建工程建设

目前，江苏省发改委已批复同意秦淮新河水利枢纽改扩建工程的项目建设书。工程主要建设内容和规模为新建泵站 1 座，设计流量 100 m³/s；改建现有泵站为 4 孔 ×6 m 节制闸，改建后节制闸设计流量提高到 1209 m³/s；对现有节制闸下游消能设施进行加固改造。现阶段，将加速推进秦淮新河水利枢纽改扩建工程前期工作，成立项目建设组，编制工程可行性研究、初步设计方案，落实规划选址、项目环评、移民安置规划等可行性研究报告审批前置条件，紧锣密鼓推进前期各项工作，同期统筹考虑省水文化展示园区建设，确保工程能更好地适应生态河湖管理的发展和需要。

参考文献

[1] 葛春辉.钢筋混凝土沉井结构设计施工手册 [M].北京：中国建筑工业出版社，2004.

[2] 江正荣，朱国梁.简明施工计算手册 [M].北京：中国建筑工业出版社，1991.

[3] 刘士和.高速水流 [M].北京：科学出版社，2005：134-148.

[4] 王世夏.水工设计的理论和方法 [M].北京：中国水利水电出版社，2000：117-135.

[5] 梁醒培.基于有限元法的结构优化设计 [M].北京：清华大学出版社，2010

[6] 朱伯芳.有限元素法基本原理和应用 [M].北京：水利电力出版社，1998.

[7] 施熙灿.水利工程经济学 [M].北京：中国水利水电出版社，2010.

[8] 李艳玲，张光科.水利工程经济 [M].北京：中国水利水电出版社，2011.

[9] 王建武，陈永华，等.水利工程信息化建设与管理 [M].北京：科学出版社，2004.

[10] 任鹏.对水利工程施工管理优化策略的浅析 [J].工程技术：全文版，2017，13（01）：66.

[11] 赖娜.浅析水利机电设备安装与施工管理优化策略 [J].建筑工程技术与设计，2016，13（26）：165-165.

[12] 陈建彬.对水利工程施工管理优化策略的分析 [J].中国市场，2016，12（04）：131-132.

[13] 王翔.对水利工程施工管理优化策略的分析探讨 [J].工程技术：文摘版，2016，8（10）：101.

[14] 屠波，王玲玲.对水利工程施工管理优化策略的分析研究 [J].工程技术：文摘版，2016，9（10）：93.

[15] 李益超.浅谈水利工程招投标工作的重要性和管理途径 [J].河南水利与南水北调，2014，33（6）：81-83

[16] 刘建华，邓策徽.农业综合开发水利工程项目的建设管理探究 [J].黑龙江水利科技，2016，44（11）：167-169.

[17] 舒亮亮.水利工程招标投标管理研究 [J].水利发展研究，2016，12（2）：64-68.

[18] 郑修军. 水利水电工程招标管理问题及对策 [J]. 工程建设与设计，2013，11（3）：126-128.

[19] 李风，姜威，张洪玉. 水工金属结构热喷涂锌钏防腐工艺实践分析 [J]. 黑龙江水利科技，2014，36（2）：188.

[20] 海乐，苏燕. 径流式水电站工程的技术及设计创新 [J]. 水利水电快报，2010，31（3）：33-34，41.